科学。奥妙无穷 ▶

蝴蝶王国

HuDie WangGuo

马亚楠 编著

中国出版集团
现代出版社

目 录

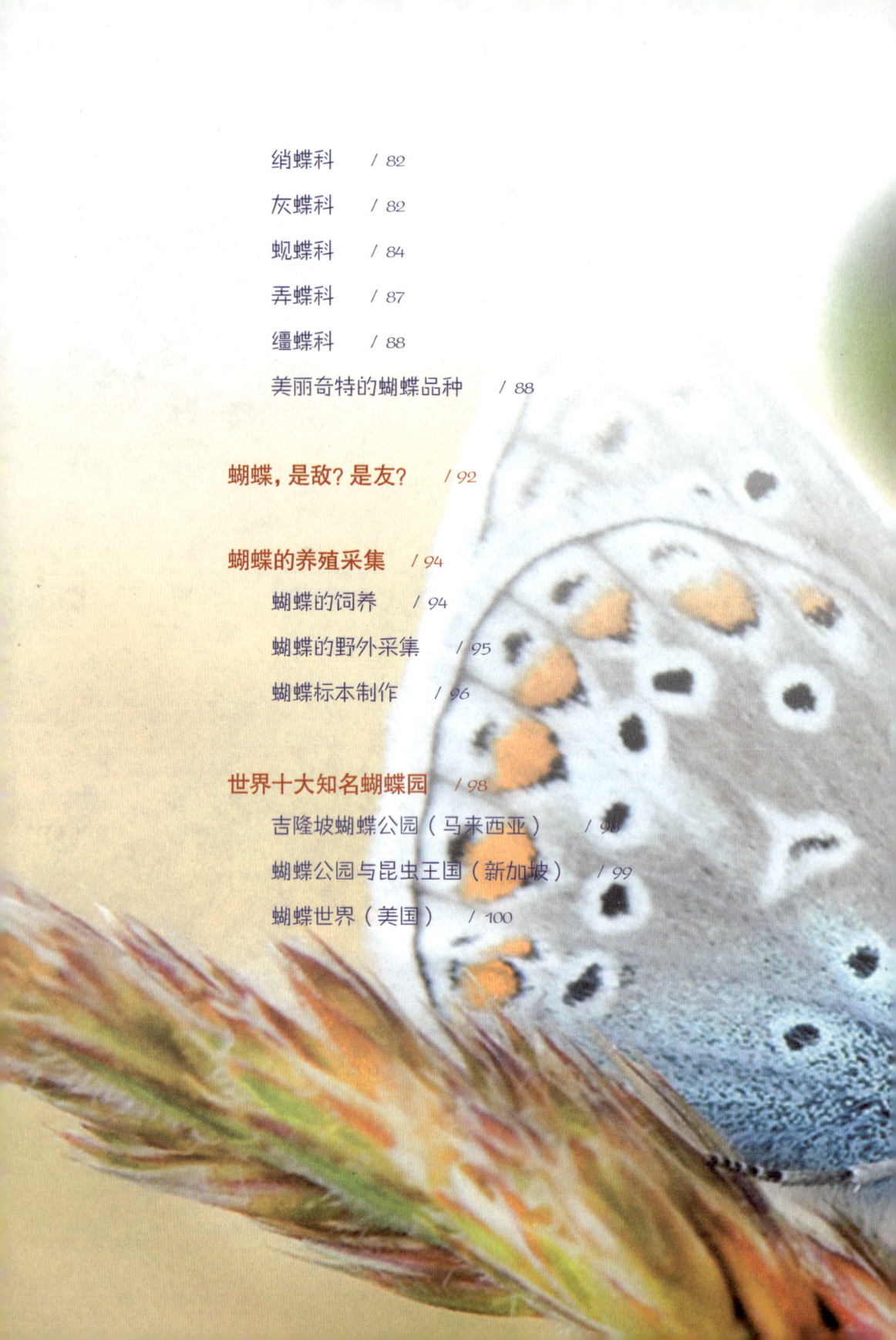

目

录

● 蝴蝶的起源

蝴蝶的一生，宛如一个流淌的梦。人们称它是会飞的花；是优雅与美丽的使者，它的生命历程早已被人类关注和思考。从2000多年前散文名篇《庄子》中"庄周梦蝶"的文学描述到《生物进化》史册中"昆虫进化"典型的标本写照。人们不吝把许多人文和自然的赞美之辞赋予了它。现代科技给了我们进一步解开蝴蝶生命密码的钥匙，下面我们就一起来进入这个神奇的王国吧。

蝴蝶在分类学上属于节肢动物门、昆虫纲、鳞翅目。节肢动物是由环节动物进化来的。环节动物是身体分节的动物，即：除了前两节以外，其余各节形态上都基本相同，这种分节叫同律分节，是较低级原始的分节方式，如蚯蚓就是这种分节方式的代表。根据胚胎学和解剖学的观点，在生物进化过程中出现了异律分节，即后端的体节和前端的比较，在形状和机能上均有所不同，如蝴蝶的身体为头、胸、腹，这种分节是一种高级的分节方式，它是由同律分节进化来的。蝴蝶的头部是感觉和摄食中心，胸部是运动，腹部是生殖中心。古生代地层所发现的化石蠕虫与早期三叶虫具有相似的特征，例如，它的疣足更可能是节肢动物附肢的前身。由于没有发现任何有关节肢动物祖先结构的古生物证据，因而对节肢动物祖先的一切知识，都只能通过现在节肢动物的比较解剖及胚胎学的证据来考证。认为节肢动物的祖先应该是具有不分节的头部及分节的躯干，而且除尾节以外每节都具有一对附肢。有气管亚门，公认是由共同祖先向陆地生活发展的一支。昆虫纲在胚胎发育过程中，腹部个体节都有附肢的痕迹，而且是比较低等的种类，终身保留附肢器官，所以被认为是从原始多足纲进化来的。

在19世纪的70年代，在美国的科罗拉多州的弗洛里桑的第三纪地层中，曾发掘出7种化石蝴蝶，它们属于蛱蝶科、粉蝶科、喙蝶科。在此以前，欧洲的科学家在第三纪地层也发现过化石蝴蝶。到那个时期为止，已经发现化石蝴蝶6科17种之多。这一事实说明：在2亿年前的第三纪渐新世和中新世，已经有了与现在基本相同的蝴蝶。在美国弗洛里桑的化石蝴蝶中，有一只喙蝶的成虫化石。它保存得相当完整，体背及胸节、触角及似喙的唇须、前后翅以至翅脉均很清楚，翅面上的斑纹清楚可见。甚至还有一只完整的化石前腿，腿胫节和附节上的短棘刺和末梢的槽沟也极为清楚。甚至可从腹部和前肢的特征判断这是一只雌喙蝶。虽然有了化石蝴蝶的记录，但不能说喙蝶是最古老的蝴蝶，到目前为止我国还没有发现化石蝴蝶。它们从白垩纪起随着作为食物的显花植物而演进，并为之授粉。它们是昆虫演进中最后一类生物。

化石蝴蝶

7

● 蝴蝶的分布范围

全球有记录的蝴蝶总数有17000种，中国约占1300种。蝴蝶的数量以南美洲亚马逊河流域出产最多，其次是东南亚一带。世界上最美丽、最有观赏价值的蝴蝶，也多出产于南美巴西、秘鲁等国。而受到国际保护的种类，多分布在印度尼西亚、巴布亚新几内亚等国。在同一地区、不同海拔高度形成了不同的湿度环境和不同的植物群落，也相应形成很多不同的蝴蝶种群。中国的云南省就是一个很好的例子。在亚洲，台湾和海南也以蝴蝶品种繁多著名。

海南——真正的蝴蝶王国 〉

海南是我国蝴蝶资源最丰富的地区之一，海南蝴蝶的总数估计超过650种。我国的云南和台湾，向来被誉为"蝴蝶王国"。但面积比它们都小的海南，蝴蝶种类比它们都多。中国的蝴蝶种类以海南、云南和台湾最多，分别约为600多种、500多种和410多种。所以海南岛才是真正的蝴蝶王国。在尖峰岭、吊罗山、霸王岭和五指山等热带山地雨林分布地区，生长了490多种蝴蝶，占海南蝴蝶采集种群数的八成。在这些地区，物种丰富，乔本、灌

金斑喙凤蝶

木、藤本植物、草本植物、附生植物种类繁多，植物群落上下呈交错的多层结构，生态环境极为复杂，为多种蝴蝶提供了营养和栖息的良好环境。海南的蝴蝶，不乏珍稀名贵品种。2000年我国公布的野生动物保护名录中海南有 17种蝴蝶。世界上，在海南首次发现的蝴蝶新种有18种。在我国，只分布在海南的蝴蝶就有127种。被誉为"中国国蝶"的金斑喙凤蝶，就生活在海南！它是中国蝶类中唯一被列为国家Ⅰ级保护野生动物的物种。中国最大而且极具观赏价值的蝶科——凤蝶科，在海南就有40多种，占全国半数以上。有"活化石"之称的紫喙蝶、所有蝶种中唯一全身红色的红翅尖粉蝶、世界新种玄麝凤蝶⋯⋯还有许许多多的珍稀蝶种，都栖息在海南的热带山地雨林中。

云南的"蝴蝶泉" ﹀

云南是我国西南部显著高原地貌省份之一,属于亚热带气候,气候垂直分布明显,自西北至东南具有寒、温、热各带的气候类型,是我国气候的缩影。自然资源丰富,条件优越,区系复杂,种类繁多,适宜多种蝴蝶生存和繁衍。据云南有关资料记载:已经研究的蝴蝶有600多种,居全国之首,构成云南的一大生物资源。云南有许多珍稀及特产蝴蝶种:褐凤蝶、云南褐凤蝶、玉龙褐凤蝶、喙凤蝶、无尾黑凤蝶、猫斑绢粉蝶、大斑马凤蝶、距粉蝶、红翅尖粉蝶、白花斑蝶、喙蝶、

金凤蝶

紫蛱蝶

11

西双版纳——"蝴蝶天然乐园"

云南丽蛱蝶、大银豹蛱蝶、圆翅狼蛱蝶、白眼蝶、泰愚蛱蝶、四川绢蝶、银弄蝶等。还有观赏价值的种类200多种。其中以蛱蝶科的种类最多，将近100种，其次是粉蝶科。最漂亮的有凤蝶科、斑蝶科、粉蝶科、蛱蝶科所属的某些种类较高的如褐凤蝶、紫蛱蝶、燕凤蝶、翼凤蝶、绿凤蝶、金凤蝶、枯叶凤蝶、地方蛱蝶、红翅尖粉蝶、翅顶大粉蝶等等。云南的地理环境独特、蝴蝶自然资源丰富，构成了许多天然的蝴蝶风景区：素有"动植物王国皇冠上的绿色宝石"之称的西双版纳

还有"蝴蝶天然乐园"的美誉；人们无论走到哪里都有色彩伴随着：其中的勐养三岔河有"蝴蝶河"的说法，云南的"蝴蝶泉"更是早已蜚声海内外。

原始热带森林为蝴蝶提供了丰富的食物，同时也是大象生活的地方，象塘和河湾边，大象的粪便到处可见，粪便的四周聚集着茂密的蝴蝶，成为了当地的一景。勐腊县境内的勐仑，有一片形状如"葫芦"一样的土地，热带森林仿佛像绿色的海洋，当地人民把它形象地称为"葫芦岛"。在这片风光秀丽的"岛"上，可以

见到我国最大的蝴蝶之一、晕翼凤蝶、翼凤蝶、蓝凤蝶、红腹凤蝶、斑凤蝶、多型蓝带凤蝶等20多种凤蝶。

位于滇西北的怒江峡谷是世界上著名的第二大峡谷，被当地人称为蝴蝶峡谷。高黎贡山、碧罗雪山自北向南，山势巍峨陡峭，最高海拔6469米，最低海拔3911米。坡度在45度左右，怒江在两山间，自北向南，奔腾咆哮，巨大落差形成银色的瀑布。两岸的植物类型丰富，针叶林阔叶林层次分明，杜鹃、报春花、山茶花，名贵花卉繁多，形成明显的垂直分布，山花烂漫，杜鹃、樱花、桃花、兰花竞相开放，美丽的花朵引来蝴蝶无数。有资料表明：蝴蝶谷有蝴蝶种类11科80属107

杜鹃

种，其中凤蝶科12种，粉蝶科16种，眼蝶科17种，蛱蝶科34种，灰蝶科10种，弄蝶科7种，斑蝶科4种，蚬蝶科4种，喙蝶科1种，绢蝶科1种。最有观赏价值的蝴蝶是金凤蝶、玉带凤蝶、花椒凤蝶、翼凤蝶等。峡谷中鲜花盛开，彩蝶争艳，真是名副其实的蝴蝶谷。

据资料考证，蝴蝶泉确有百种蝴蝶。有书记载："产于西双版纳的就有300余种；产于大理著名蝴蝶泉的有100余种；产于雄峻的苍山、鸡足山、玉龙雪

山、高黎贡山以及白马雪山的种类200余种。"

历史上西山、苍山是到云南观赏蝴蝶的好地方。位于昆明市15千米处，坐落在滇池畔的西山森林公园，景色秀丽，是滇池中的佳境。以滇青冈为主的半湿性常绿阔叶林；以滇油松、华山松为主的暖性针叶林，人工种植的果树花卉为蝴蝶的生存提供了良好的生存环境，有8科55属77种。常见的有玉带凤蝶、花椒粉蝶和糙绒麝凤蝶等。

苍山是横断山脉中段的一座名山。山上有19座山峰，平均海拔高度在3074—4122米，有18条溪水奔腾流出，注入洱海。山地植被茂密，享誉中外的苍山花卉，是云南植物王国中的大花园之一。花卉品种丰富，蝴蝶资源充足，是杜鹃、龙胆、报春花的分布中心，杜鹃种类繁多，已知有37种并与其他花卉植物共同组成了蝴蝶理想的栖息环境。有蝴蝶8科89属175种。其中有34.7%的蝴蝶分布于海拔4000米的高山杜鹃灌木丛草甸带。

英文名字的由来

蝴蝶叫 butterfly 的原因：

1. butterfly 一词源自古英文 buterfleoge，由 butere(butter) 加 fleoge(flyingcreature) 构成。

2. 有一种流传比较久远的说法，因为蝴蝶喜欢偷吃奶油和牛奶，人们把它说成是长着彩色翅膀、喜欢偷吃奶油的精灵，所以叫它 butterfly。以上传说也反映在蝴蝶的德语名称之— milchdieb，该词相当于英文 milk-thief（偷奶贼）。

3. 另有一种解释说，其中 butter 是指蝴蝶的颜色。fly 这个本来就是指能飞行的昆虫，而 butterfly 一词最先可能指的是源自南欧冬季过后，出现的一种带着硫磺色（合翅时较近于奶油色）的粉蝶。雄蝶前翅色泽澄黄，飞行时带起一道温暖的光线，被人们称为 butter-colored fly。这个词渐渐演变成 butterfly，并用来指所有种类的蝴蝶。

15

● 蝴蝶的一生

昆虫的一生从体态到生活习性都以多变而著称。例如苍蝇产下乳白色长圆形很小的卵，肉眼几乎不能看见。卵孵化为幼虫即蝇蛆，是一种白色、棒状、头胸腹形态不分，也没有足和翅或其他器官的幼虫，它不停地蠕动、进食，要蜕掉两次皮，每蜕一次皮就长得更大一些，最后化为不吃不动棕褐色长圆形的蛹。蛹

经过一段时期开始羽化，成虫破蛹而出。这种要经过卵、幼虫、蛹、成虫四个形态完全不同的发育阶段的生活史，叫作"完全变态"。

蝴蝶是属于完全变态类的昆虫，它的一生具有4个明显不同的发育阶段：(1)卵期（胚胎时期）；(2)幼虫期（生长时期）；(3)蛹期（转变时期）；(4)成

昆虫

16

中华虎凤蝶

虫期（有性时期）。后3个发育阶段合称为胚后期发育。这4个发育阶段所表现的体态，从形态学上来看，毫无共同之处。因此，必须通过系统的研究或者不间断的观察，才能了解它们原来就是一个物种的4个发育阶段。

上述4个发育阶段，周而复始形成一个生活圈，亦名一世代。蝶类完成一个生活圈的时间，有长有短，短者数十天（如菜粉蝶），长者近3年（如东北亚绢蝶）。在一年中间发生世代的多少，常因虫种而有不同。一年有一世代的（如中华虎凤蝶）；也有多世代的（如菜粉蝶），它的世代数常随各地气温高低而有异，它们在黑龙江一年只有2—3代，但在广东则可多达5—6代。至于世代的命名，则自年初开始，以至年终，顺次称为第一世代、第二世代等。此外，也有按季节而命名世代的，例如：成虫羽化在春季的称为春季世代，成虫羽化在夏季的称夏季世代。

卵 ⟩

蝶卵是蝴蝶发育的第一阶段，亦称胚胎时期。卵的结构相当于一个大型的细胞，内有原生质和核外，还包含大量的卵黄。精子进入卵内后，与卵核结合发育成为胚胎，卵黄是胚胎发育的营养物质。卵壳中央有一小孔叫卵孔，是精子进入卵内的通道，亦称精孔。有些种类的卵孔并不直接穿通卵腔，而在卵壳内壁着生有中空的卵孔侧枝若干条，它一端连接于卵

孔底部，另一端开口在卵腔内，呈辐射状排列在卵孔四周，成为精子进入卵腔的通道。

卵壳表面有的非常光滑，能显珠光，有的十分粗糙，且有多种雕刻状纹饰，更有在卵表黏覆鳞毛等，常因虫种而各不相同。卵的形状则形式各异，有圆球形、馒头形、扁圆形、梨形和纺锤形等。卵有单个的，也有成片或成堆的，更有叠置成串的。至于卵的色彩则有橙、黄、绿、白等色，并且随着发育阶段和种性的不同而呈现出多种特定纹彩，绚丽多姿，美不胜收。总的来说，卵形卵色千变万化，可以作为鉴别虫种的一项辅助特征。

幼虫 〉

幼虫期也称生长时期，是蝶类生活史中的第二发育阶段。

蝶类的幼虫称为蠋形幼虫，它们具有一个圆柱形或蛞蝓形的体躯和成对的附肢。体躯由一系列的环节组成，这些环节称为体节，幼虫头部有取食器官和感觉器官。

头部的外形是多种多样的，在同一属的种间区别较小，但在不同科属之间的区别则极大，有助于鉴别虫种。

幼虫有胸足3对、腹足4对和尾足1对，依次着生在前中后3个胸节及第三、四、五、六、十5个腹节上。胸足是虫体的

19

永久性行动器官，分节清晰，成虫之足，即由幼虫胸足发育而成。

腹足亦名伪足，远较胸足为粗大，由不分节的膜质囊状物所构成，末端各具排列成行之钩，其排列方式因虫种及着生处而异，腹足是幼虫时期的主要行动器官，却是临时性器官，一旦羽化成成虫，腹足自行消失。

幼虫的表皮富含几丁质，因此不能随着虫体的生长而无限制地扩展，尤其是头壳极为坚硬，所以生长到一定时期，必须把旧表皮蜕去而形成宽大的新表皮。其中最为使人注目的，是刚蜕皮后的新虫体头部远较体躯为大，这就充分说明了头壳不善于扩张的特点。蜕皮时不仅体壁和附肢的表皮要脱去，而且由体壁内陷而成的气管、前肠和后肠等与表皮相连接的部分，尤其是具有几丁质的部分，也要同时蜕去。幼虫蜕皮前不食不动，称为"眠"。刚孵化的幼虫为一龄，以后每蜕一次皮就增加一龄。一般蜕皮4至5次。蜕皮的次数因虫种而不同，少至3次，多则10多次。

幼虫体表有的光滑，有的长有棘刺、软毛、刚毛或肉棘等等。

蝶类第一龄幼虫体上的刚毛，特称原生刚毛。它的数量、色泽、形状及着生位置，常因虫种而各不相同，是幼虫分类学上的一个重要特征。

蛹 ＞

蛹是蝶类生活史中第三个发育阶段，也称转变时期。

蝶蛹统称被蛹，它们的附肢与体躯各部俱已胶黏成一整体，但是附肢及头、胸、腹三体段之间的分界线，则仍然留存在蛹体表面。

蝶类幼虫生长发育到成热阶段，就停止取食，选择适当场所，准备化蛹。蝶类的化蛹方式常因种类而有不同，有的种类的幼虫老熟后，下行至寄主植物附近的草丛土表下，作成极薄的土室，而在其中化蛹。如双环眼蝶。有的吐丝，缀叶作巢，躲在巢内取食并化蛹，如稻弄蝶。还

有的像蛾类一样，吐丝作成薄茧而化蛹其中，如黄毛白绢蝶。而最常见的蝶蛹，则暴露在外。老熟幼虫选定化蛹场所后（如寄主植物的茎叶上，或其他物体的表面上），先吐丝成垫，用尾足钩钩着其上，以免下堕，然后抑头后弯，反复来回吐丝胶成一粗线，围绕中腰，而后化蛹不致翻倒，故称缢蛹。还有一种蛹称悬蛹，即老熟幼虫，在吐丝作垫之后，即用尾足将体躯倒悬下来，进入"前蛹"阶段，及至成熟，即行化蛹。

当化蛹时幼虫表皮在胸部背中线上裂开之后，由于蛹体的不断伸缩而使皮层迅速后移，退至尾部末端时，迅即伸出

21

当成虫羽化之初，蛹壳于触角翅函间、前中后三胸节的背中线以及头、胸两部的连接线三处同时破裂，头部附肢（触角及喙管等）及前足先行伸出，中足、后足和翅随即拽出，足攀着他物后，体躯随即脱离蛹壳，倒悬片刻时，柔软皱缩的翅片，就在5—6分钟内迅速伸展完成，但是这时的翅膜尚未干固，翅身还很软弱，不能飞翔，必须再隔一两小时，才能振翅飞翔，随风飘舞。

蝴蝶从蝶蛹中羽化出来之后，雄蝶就四处翩飞。忙于寻找雌蝶交尾；雌蝶忙着找寻幼虫的饲料植物产卵，繁衍后代。

（这时仅肛门附近的皮层尚未脱离），同时急速扭动体躯，使臀棘钩着于丝垫之上安全悬垂。接着幼虫旧皮即行脱落，蛹体体壁逐渐收缩硬化，转变成各种各样的固有形态。

蝴蝶的寿命 〉

蝴蝶的一生，有4个完全不同的形

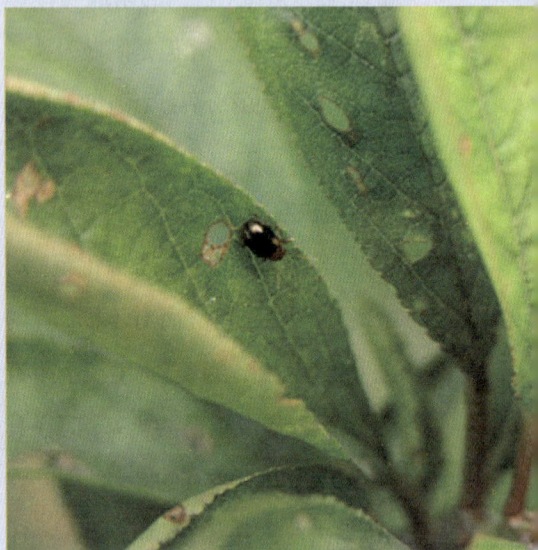

成虫 〉

成虫是蝶类发育的最后阶段，称有性时期，有雌雄两种形态。成虫在蛹壳内发育成熟后，即需脱离蛹壳外出，成虫脱去蛹壳的现象称为羽化。这与幼虫脱离卵壳之称为孵化不可混为一谈。

毛虫

态，即卵期、幼虫期、蛹期和成虫期。最初是一个附在一片树叶或一根树枝上的极微小的卵，然后变成一条毛虫并蜕皮，下一个阶段是"作茧自缚"，在茧室内，毛虫变成液体并重新成形，最后，一只翅膀潮湿而鲜艳的蝴蝶破茧而出。这个过程一般较长，比如产卵在秋季，孵化在次年春季，到初夏羽化成蝴蝶。但是蝴蝶成虫的寿命相对短一些。

当然，蝴蝶成虫的寿命也因种而异。长的有半年以上，短的只有十几天。

热带地区的大多数蝴蝶寿命较短，一般为10至15天，雌蝶产完卵或还有少量卵未产就会死亡，雄蝶未经交配可活20—30天，完成交配任务后的雄蝶寿命较短，有的只有2至3天。历经许多苦痛，相当一部分蝴蝶从茧里孵化出来后，却只能有两周左右的生命！

此外全世界有14000多种蝴蝶会迁徙，它们往往飞越数百乃至数千千米，它们的寿命可能相对较长。比如：每年秋季，北美洲大陆的9月中旬开始，体重仅6克的上亿只美洲王蝶都会从位于美国东北部和加拿大南部两国交接的夏季栖息地，以每天100多千米的速度经过近6个星期的长途跋涉飞行4500多千米，最后抵达温暖的墨西哥米却肯州中部林区越冬和繁衍后代，来年的2、3月份，它们的后代还将飞回北美的栖息地，从而完成一个迁徙周期。注意，亲代王蝶在墨西哥繁殖后就死去了，不能迁徙返回，返回的是后代。所以一般来说蝴蝶的寿命不超过两年。

> ### 蝴蝶长寿的秘密

　　生命被快速消耗,于年轻时死去,这好像是动物王国的魔咒。一个生物消耗越多能量,它的身体就会产生越多的自由基和不稳定的、破坏细胞的分子,有时,这样的分子过多会缩短寿命。但是 Glanville 的豹纹蝶(庆网蛱蝶)似乎并没有得到这个备忘录。当研究者们对这种有复杂图案的昆虫的代谢速率进行测量时,他们发现这些蝴蝶在飞行时耗费最多的能量,但也活得最长,无论它们是在实验室范围内还是被放飞到芬兰的草甸上都是这样。这些发现表明,氧化压力——自由基和相似的有害分子的长期建立——和寿命之间的联系可能比之前想得更加复杂。全速飞行的能力显示,一只蝴蝶很自然地处于较好的状态——无论是通过得到更有营养的食物还是个体遗传实现的——来推翻高度新陈代谢的有害副作用,研究者们在《实验生物学杂志》的网站上发表了报告。不过他们也怀疑适应高性能飞行的蝴蝶是否可能已经进化到有方法可以在高速新陈代谢时保护它们自己。

蝴蝶和蛾子 >

    蝴蝶和蛾子是昆虫家族中除甲虫之外数量最多的昆虫。到目前为止,已定名的蝴蝶和蛾子总共大约有20万种。蝴蝶是比较受欢迎的昆虫,人们一般会把蝴蝶和阳光及风和日丽的夏天联系在一起。但是在鳞翅目(包括蝴蝶和蛾子)昆虫中,占80%的种类却是蛾子。这是为什么呢?原因之一是蝴蝶和蛾子生存所适应的环境温度有所不同。与蛾子相比,蝴蝶如同方程式赛车一样,就像以花蜜为燃料的高性能的机器。如果体温低于30℃,蝴蝶就不能飞行,这时蝴蝶不仅反应很迟钝,甚至会死亡。这就是北方国家(如英国)蝴蝶种类相对较少的原因。英国只有59种本地蝴蝶,而其中的一些种类,如大红蛱蝶和小红蛱蝶还完全是每年从地中海沿岸地区迁徙过来的。我们可以做一下这样的对比:在欧洲大陆共有400多种蝴蝶,而在热带的哥斯达黎加却有560种蝴蝶,而哥斯达黎加的面积只有英国威尔士的面积那么大。

蛾子的生存环境要差得多，而且通常是夜间活动。它们的身体结构更适于用来保存热量而不是吸收热量。因此，它们拥有更多的脂肪，体表有被毛，并且在休息的时候将翅膀向身体的两侧伸展，而蝴蝶的翅膀是折叠起来竖在身体背部的。它们之间的另一个不同点是在触角上：蝴蝶的触角呈光滑的棒状并且末端突起，而蛾子的触角是羽毛状的，这可能与它们分别在白天和夜晚活动有关。蛾子不太依赖视觉，而是用触角作为空间方位的传感器，并在蛾子飞行和盘旋时用来保持身体的平衡，就像我们人类内耳的功能一样。如果切掉蛾子的触角，它们会立即撞到墙上或摔到地上。

视觉对于蝴蝶是很重要的，但并不是我们想象的那样。尽管有美丽的外表，但蝴蝶的视力是相当近视的，而且不能判定方向。这可能就是进化中的权衡取舍：蝴蝶的视力可能不算好，但能看见360°全方位的物体，无论是水平方向的还是垂直方向的，这样就可以灵巧地躲避捕食者。蝶翅上的鲜明图案更多地用于惊吓饥饿的鸟类，而不是用于吸引异性。真正吸引雌蝶的是雄蝶翅上闪光的鳞片。这些典型的眼斑图案可以反射紫

蛾子

外线，当雄蝶振翅时会产生一种紫外线频频闪动的效果，与浓浓的信息素的气味结合在一起就可以不折不扣地迷住雌蝶。

显然，蛾子更多地会依赖嗅觉和听觉。蛾子能够闻到11千米以外的异性散发的味道。蛾子的听觉结构虽然简单但效率很高。有些灯蛾能够探测到蝙蝠发出的超声波并通过拍打翅膀产生干扰频率。蝴蝶和蛾子都有香鳞，能够释放信息素来吸引异性和认识同伴。普通蓝蝶能够散发出像巧克力一样的味道，而芳香木蠹蛾却能够散发出类似山羊的味道。

动物的眼泪含有水、盐和蛋白质，是一种富有营养的液体。因此，许多蛾子以动物的眼泪为食，就像蝴蝶喜欢舔食人类的汗液一样。另外一些蛾子，例如一种体型很小的须水螟能偷偷地骚扰大象；而生活在马达加斯加的一种个头很大、行动诡异的蛾子则擅长将它们具有带钩的叉状长喙插入正在酣睡的鸟儿的眼睑。

● 蝴蝶的身体结构

蝴蝶的头部 〉

1. 蝴蝶的头部主要由6个体节愈合而成，头部的上方有一对长而分节、末端膨大的触角，这种末端膨大的触角也是区别蝴蝶与蛾类的最重要的识别特征。触角的作用主要是感觉气味和振动等，让蝴蝶能正确判断食物和方向。

2. 蝴蝶的头部还有一对大大的复眼，它是由众多的小眼组合而成的，与其他种类的昆虫一样，蝴蝶的复眼由于其构造的特殊性，决定了它们的视觉对动态物体的反应特别敏感，反应超快。但它们对静止、缓慢的物体则是反应迟钝。

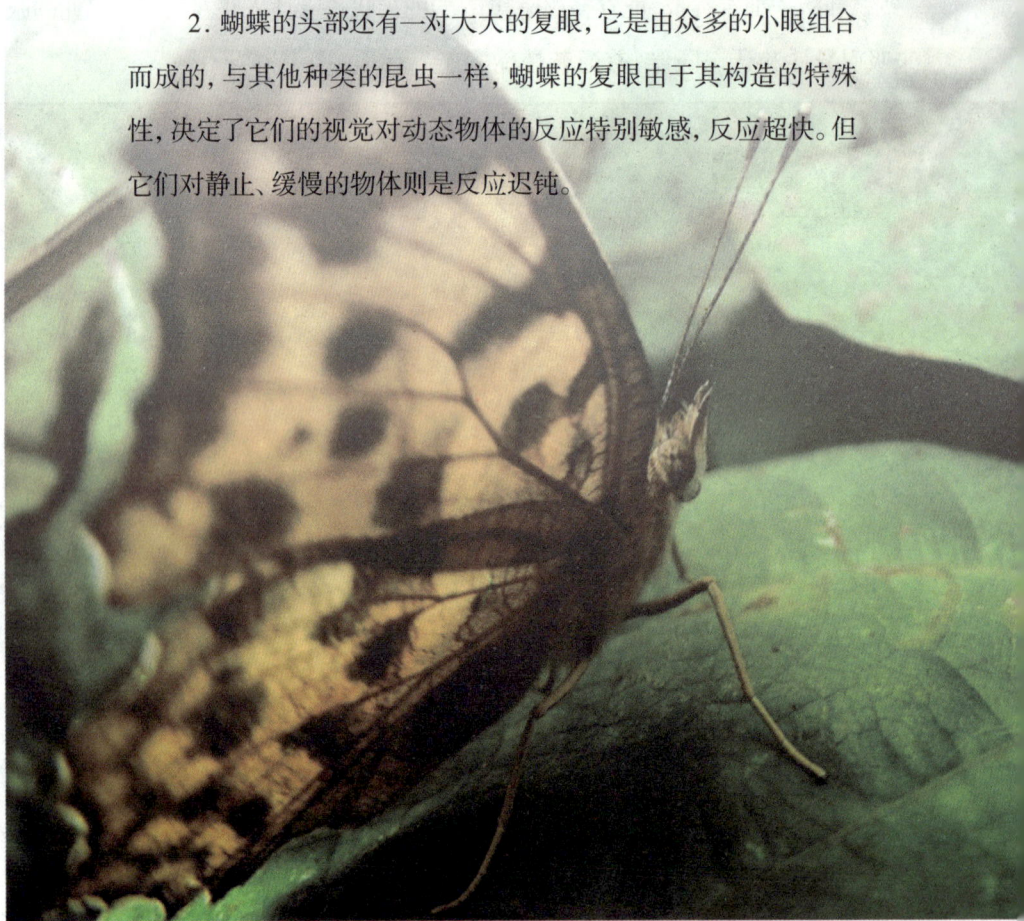

眼蝶

3. 蝴蝶头部的下方还有一个结构复杂的口器，口器由上唇、上下颚合成的虹吸管、下唇须组成。这种特化的口器只能吸食液体和半流质的食物，因此蝴蝶成虫只能吸食花蜜、树汁、腐烂果汁等食物。

蝴蝶的胸部 >

1. 蝴蝶的胸部由前胸、中胸、后胸3个胸节构成，胸部是蝴蝶运动的中枢。

2. 在中胸和后胸的背面，各长有一对大的膜翅，而在这两对膜翅上，密被着许多形态多变、色彩各异的鳞片，正是因为这些鳞片，组成的蝴蝶艳丽的色彩和多变的斑纹。

3. 在各胸节的腹面，还长有一对胸足，蝴蝶成虫就是用这些胸足站立和作短距离的爬行。而象斑蝶、环蝶、眼蝶、蛱蝶等科的蝴蝶，它们的前足已经退化并缩起不用，所以你只能看到它们用四条腿站立。

蝴蝶的腹部 >

1. 蝴蝶的腹部是由9个腹节构成的。在腹部各腹节的两侧中部，各有一个气孔，蝴蝶就是用这些气孔进行呼吸的。

2. 在蝴蝶腹部末端的下方，是蝴蝶的外生殖器。蝴蝶的外生殖器雌雄各异，雌性外生殖器的结构比较简单，只在第八腹节下方有一个口，是雌蝶交配和产卵的器官；而雄性外生殖器的结构就比较复杂了，从外侧也能明显看到它们的抱握瓣，而且每一种蝴蝶的雄性外生殖器的形态都不一样，因此，它们是蝴蝶分类学家鉴定具体蝶种的重要特征。

> **阴阳蝶**

　　雌雄嵌合体的蝴蝶被人们称为阴阳蝶，据说产生的机会只有万分之一，它的形成同遗传学大有关系，这也是学术界一直在探讨的问题。有一种解释供参考：蝶类的性别是由细胞核中的"性染色体"决定的。雄蝶细胞中有两条Z染色体；雌蝶细胞中有一条Z染色体和一条W染色体，Z染色体决定着雄性，W染色体决定着雌性。当一个还有ZW染色体的受精卵，在早期细胞分裂中，如果有一个细胞因意外的原因失去了W染色体，这样就形成了一半细胞有W染色体，另一半细胞却没有W染色体。前一半发育成为雌性，后一半就发育成为雄性。这样，一只蝴蝶就会变成一半雄、一半雌的"雌雄嵌合体"了。

雌　　　　　　　雄

蝴蝶的翅膀 〉

翅膀是蝴蝶最重要的身体器官，品种不同，翅膀的长短各异，有的蝴蝶展开双翅能有十几厘米长，可以像鸟儿一样在空中滑翔。有的外表根本就不像蝴蝶。有着精致羽毛状后翅的蝴蝶活像一把上好的毛扇。这种精巧的造型在一些大型蝴蝶或者说我们常见的飞蛾中就比较少见了。

蝴蝶与我们通常说的蛾子都是非常古老的昆虫。它们的祖先曾在恐龙的周围展翅飞翔，5000万年以后的今天它们的外观改变并不大。

蝴蝶翅膀由被称为几丁质的一层非常薄的硬化蛋白质构成（我们的头发和指甲中也含有这种蛋白质）。这些几丁质的表层是数以千计的微小鳞状片，它们的功能因蝴蝶种类不同而各异。

蝴蝶翅膀上的美丽颜色，就是来自这些鳞片的颜色。一个鳞片并不是一个细胞，而是由构成翅膜的细胞向外分泌伸展的所谓细胞之衍成物。通常鳞片呈扁平之羽毛状，而在基部缩成针柄状穿入翅膜。通常鳞片是轻轻地依附在翅膜，很容易脱落。假如用显微镜看蝴蝶的翅膀，我们将发现成千成万的鳞片，有系统

31

地并整整齐齐地密排在翅膜上，使整个翅膀依种类而呈现一定的色彩和颜色。

有些鳞片内含无数彩色的裸粒状色素，这种鳞片的颜色来源与日常所见的各种物质的色彩相同，我们称它为化学色或者色素色。但有些种类的蝴蝶翅膀因光源的种类、光向而呈现闪光或变换颜色，这些就被称作物理色或构造色，这种鳞片在显微镜下观察时找不到颜色，鳞片本身是透明的，但是它的表面有特殊的物理构造，通常是有纵走的许多深沟，沟内更有密排而具周期性的密排构造，使其接受外来光线以后能发生不同的

折射、干涉、绕射，然后反射出部分特殊光频率的光线而产生灿烂的金属光泽，

蝴蝶鳞片

当然这类翅膀会因光线种类与方向的不同，而随时产生不同深度甚至不同颜色，

假如光线由翅膀的背面通过，即因无光线可资反射，它的翅膀顿成透明无色。

这些鳞片除了可以使蝴蝶翅膀的颜色更加绚丽多彩以外，也起到了保护蛹身的作用，并可以在飞翔时使气流沿翅膀流动。此外，鳞片还能帮助蝴蝶吸收飞行时所需要的热量。因为蝴蝶是冷血动物，它们必须依赖外部热源来提升自身温度，以维持身体功能正常运转。初步研究表明，即使鳞片厚度发生细微变化也会极大影响吸收热量的能力。

如果您触碰蝴蝶的翅膀，一定数量的鳞片脱落会对它们热量的吸

收产生负面影响，并可能会致其死亡。如果您想知道如何识别出鳞片脱落，那么就看看您的手指，看到那些亮粉了吗？那些就是鳞片，它们很容易被刮掉，虽然能在紧急情况下使蝴蝶躲过敌害，但不幸的是，最终可能会落得与被捕获后同样的下场。

除了使鳞片脱落之外，如果您用力地触碰也可能折断蝴蝶的翅膀。上面的翅膀被称为前翼，下面的翅膀被称为后翼，

它们都十分的脆弱，但足以支撑起蝴蝶空中的身体，也可以使蝴蝶灵活飞行。尽管人们通常看不见它们，但是细小的静脉系统遍布整个翅膀，如果前翼的翅脉断裂，蝴蝶通常会一命呜呼。

蝴蝶翅膀的色彩斑斓是漫长进化的结果，这些丰富的色彩不仅仅装点了蝴蝶生命，在一定程度上甚至能反映蝴蝶的飞行能力。

黑脉金斑蝶

蜜蜂

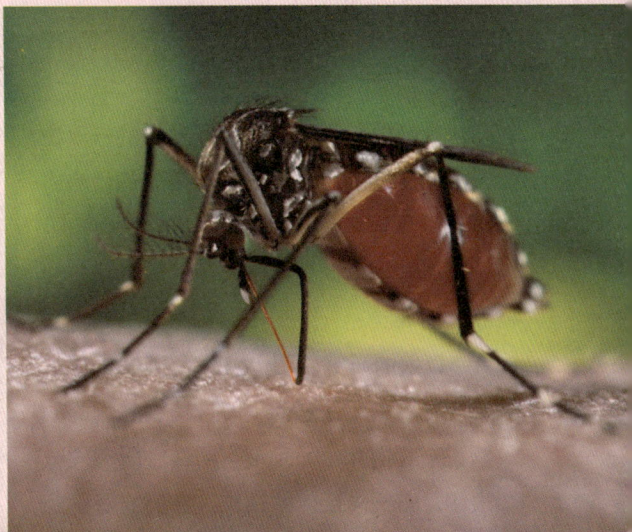

苍蝇、蚊子、蜜蜂飞行时我们可以听到声音，而蝴蝶飞舞时我们却不能听到声音，这是为什么呢？

让我们来做一个实验。当你把用竹片做成的竹蜻蜓在手中用力一搓，然后松开手，竹蜻蜓就呼的一声飞上天了。这时，我们听到的声音，是竹蜻蜓在飞行时与空气的摩擦声。但是，这种声音只有竹蜻蜓在每秒钟里转20—2万次左右时才能听到，低于或高于这个范围，人都不可能听到。苍蝇、蚊子、蜜蜂飞行时发出声音来也是这个道理。昆虫学家研究发现，苍蝇飞行时，每秒钟振翅150—250次左右；蚊子飞行时，每秒钟振翅600次左右；蜜蜂飞行时，每秒钟振翅近300次。可是，蝴蝶飞舞时，每秒钟只能振翅5—8次。因此，苍蝇、蚊子、蜜蜂等昆虫飞行时总觉得有嗡嗡的声音，而蝴蝶飞舞时却没有声音。

35

• 蝴蝶不为人知的秘密 翅膀颜色越深飞行速度越快

在国外科学杂志上公开发表的一篇论文称，科学家通过对黑脉金斑蝶的研究实验，发现深色翅膀的蝴蝶，在飞行速度、飞行长度和时间等方面都远远胜过浅色翅膀的蝴蝶。

以前的研究表明，黑脉金斑蝶斑斓的色彩主要的用途是为了警告捕食它们的动物说：我们味苦而且带有剧毒。研究同样表明，随气候迁徙的蝴蝶，它们的翅膀颜色比非迁徙的蝴蝶的翅膀颜色要深很多。这也提出了蝴蝶翅膀颜色深浅与蝴蝶体能及强壮程度是有关系的这一假设。根据实验事实分析，翅膀颜色越深的蝴蝶，体能越好，强壮程度也越高。

来自佐治亚大学的安德鲁·戴维斯正在进行关于这一假设的研究，并且给出了进一步的证据来证明蝴蝶翅膀颜色与体能之间潜在的关系。研究人员使用了一种叫系留昆虫飞行磨的仪器，捕获到了121只黑脉金斑蝶。通过这一仪器，研究人员可以监测并量化出蝴蝶的飞行速度、最长飞行时间以及飞行距离，并得结论：总体来讲，深橘色翅膀的蝴蝶的平均飞行距离比浅橘色翅膀的蝴蝶要长。

实验结束后，研究人员讲："研究蝴蝶的科学家们并不经常注意到，同一物种的蝴蝶的翅膀颜色有多么不同。然而蝴蝶的翅膀颜色是个很重要、很有意思的研究

黑脉金斑蝶

话题，这次的实验结果也为今后更深一步的研究奠定了基础。"

• 能像蜂鸟凌空不动的蝴蝶

我国最小的一种凤蝶叫燕凤蝶，双翅平展开只有2cm，有两条修长的尾突，很像小燕子尾巴。是什么力量使它能悬浮在半空中呢？原来它的一对翅膀通过急速振动，使气流变化，给了它浮力，而双尾的摆动，又使它能够掌握平衡。

蝴蝶的触角 >

蝴蝶的触角是棒形，末端总是豆点

量可达到几千个。每个复眼看物体的一部分，小小的影像集中到一起，就形成一个完整的画面。

大多数昆虫都是"近视眼"。蜻蜓有3万个复眼，但只能看清2米的距离。熊蜂能看清的最远距离是半米。而蚂蚁一般只能分辨光明与黑暗。不过昆虫可以看到人的视觉所无法感知的紫外线。这可以帮助蝴蝶迅速地找到它所需要的植物。对我们来说，绿色就是绿色，而它们却能分辨出人眼所不能觉察的细微色差。

蝴蝶的听力 ＞

夜行蝴蝶常被称作蛾。飞蛾拥有最敏锐的听觉。否则它们可能就会被吃掉。

状的，触角有非常发达的嗅觉。蝴蝶的触角除了可以分辨各种气味，还有保持身体平衡和起嗅觉和触觉作用，有的还有听觉作用。触角可是蝴蝶重要的感觉器官。眼睛可看却看不远，鼻子可闻却要贴着很近才行，耳朵可听却不灵光，那远远的花香就只能靠触角来分辨了。根据研究，蝴蝶的触角可以分辨1—2千米外花朵的香味。

蝴蝶的眼睛 ＞

昆虫的眼睛由许多复眼构成，其数

飞蛾的主要敌人是蝙蝠。人们早已明白，蝙蝠是如何在漆黑的夜空中找到昆虫的。它向空中发出人无法听见的超声波，如果超声波没有被反射回来，蝙蝠就会安心飞行。要是超声波被反射回来，那就意味着遇到障碍了。蝙蝠可以在瞬间断定前面是什么，是墙还是蚊子？是鸟还是飞蛾？只要是能吃的，它就会以急风迅雷之势，扑上前去。

　　似乎一切都已无法挽救了。但飞蛾的反应更快，在30米外就觉察到危险信号，它们或是飞落到地面，或是做出各种特技飞行动作，把蝙蝠搞得莫名其妙。

著名的法国昆虫学家法布尔

蝴蝶的嗅觉 ＞

　　著名的法国昆虫学家法布尔做过一

昆虫

天蚕蛾

个试验:一天晚上,他取一个椭圆形帽,把雌蝶置于其下,将帽子盖好,然后放在办公室里,并且把窗户打开。过了一段时间,从漆黑的花园里飞来一大群雄蝶,很快就有100多只。它们轻轻扇动翅膀,在帽子四周围成一圈。房间因此看起来就像巫师的洞穴。

房中藏着个蝶美人,雄蝶是怎么知道的? 法布尔很快就找到了答案:气味!它源于只相当于蝴蝶体重百万分之一的极微小的腺体。蝴蝶停在哪里,哪里就沾染上它的气味。这样的气味人是无法闻到的,只有蝴蝶才能从几千种不同的气味中分辨出来。

学者们对昆虫这一奇异的能力进行了深入研究。原来,蝴蝶的嗅觉细胞位于触角上,其灵敏度简直难以置信。人若想闻到某种物质的气味,每立方米空气中最少要含有该物质的320个分子,而对蝴蝶来说1个就足够了。

天蚕蛾可以根据气味寻找到8千米外的同伴,而有的蝴蝶甚至能找到11千米外的同伴。

39

蝴蝶用脚来感觉滋味 〉

　　一般动物都是用嘴来判断食物的滋味，然而蝴蝶的味觉器官却长在脚上。捉住一只蝴蝶后，把它的双翅合起来，小心地用架子夹住，让它饿两三天。然后，用沾有糖水的棉花球碰碰它的跗节，你可以看到蝴蝶马上会伸出它的长喙，准备吸吮食物了。要是你直接用针拨开它卷曲着的长喙，浸入糖水中，蝴蝶就会立刻缩回长喙，即使再饿，对糖水却是无动于衷。

● 蝴蝶的生活习性

蝴蝶的一生要经过卵、幼虫、蛹和成虫4个发育阶段。幼虫和成虫是它一生中唯一的两个活动时期，它们在生活习性上是完全不同和多种多样的。下面叙述蝶类幼虫和成虫的生活习性。

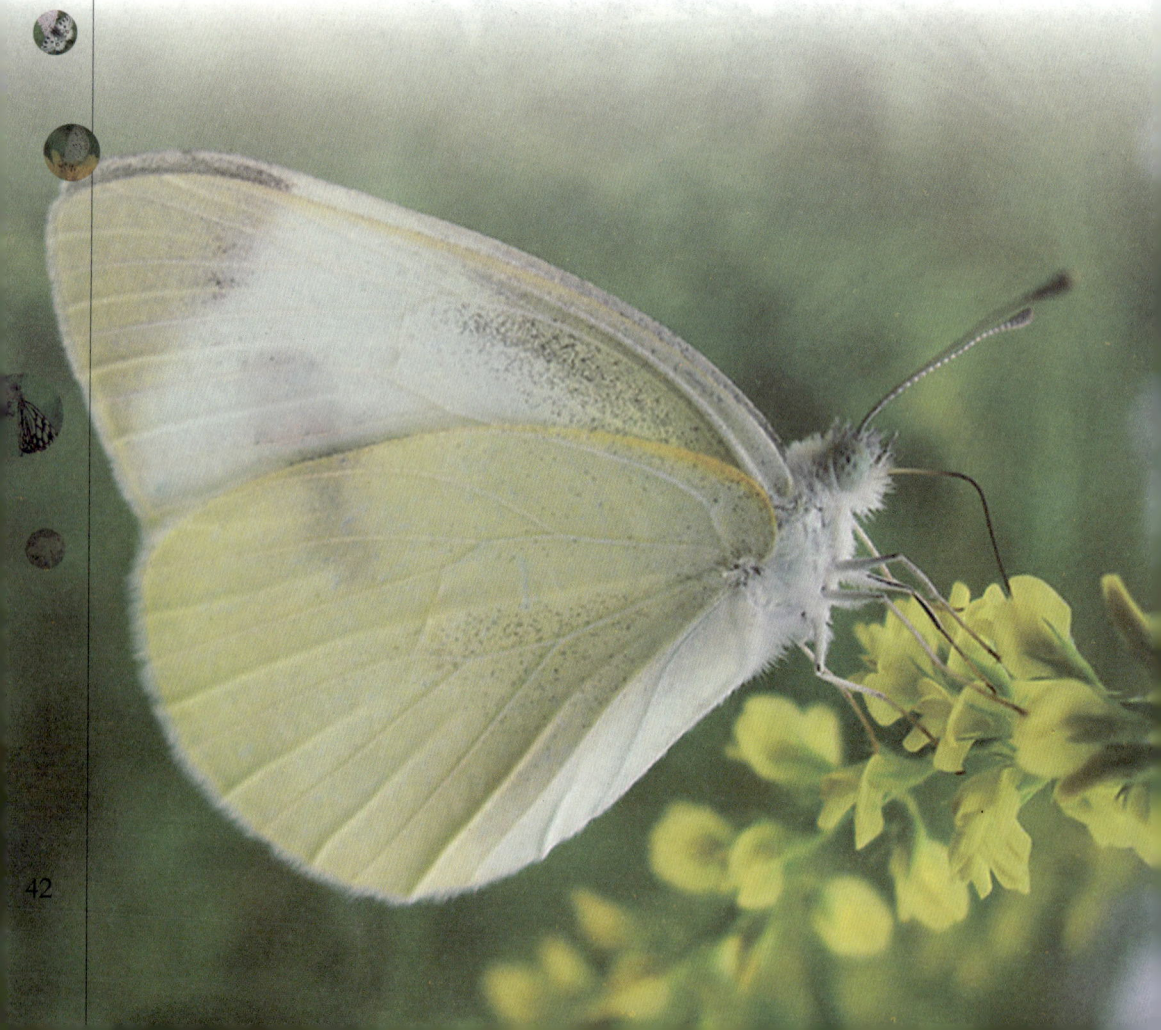

幼虫的生活习性 〉

• 取食

蝶类幼虫咬破卵壳孵化外出以后，有些种类略事休息，就直接啃食寄主植物；有些种类（例如红眼竹弄蝶）则先行取食卵壳，然后取食植物；更有一些种类还需取食每次蜕皮时所蜕下来的旧表皮，例如菜粉蝶和斑缘豆粉蝶等。

蝶类幼虫的取食对象，因虫种而各有不同，大多数幼虫嗜食叶片；有些种类，例如花粉蝶、橙斑襟粉蝶等嗜食花蕾；还有一些种类蛀食嫩荚或幼果，例如豆荚灰蝶蛀食嫩豆荚、栀子灰蝶蛀食栀子幼果。此外在灰蝶科中，有少数种类的幼虫是肉食性的，例如，蚜灰蝶嗜食咖啡蚧、竹蚜灰蝶专以竹蚜为食，这种肉食性的种类在蝶类中是并不多见的益虫。

取食植物叶子的幼虫，如是第一龄的初期，常在叶背啃食叶肉，残留上表皮，形成玻璃窗样的透明斑，以后幼虫食叶穿孔，或自叶缘向内蚕食；随着虫体长大，食量也越来越大。在一株植物上虫口密度大的时候全株被啃食一空。

• 活动和栖息

中华虎凤蝶

蝶类幼虫的活动和栖息的习性，也因虫种而各不相同。从活动时间来看，一般种类都是在早晚日光斜射时出来活动。但是，有些种类（如菜青虫等）是在白天活动的，也有一些种类（如许多弄蝶幼虫）是夜出活动的。

从活动的规律性来看，许多群栖性种类的初龄幼虫，取食和栖息的活动是一致的（Ⅰ、Ⅱ龄比较明显）；集中在一起取食或栖息，中华虎凤蝶就是一例。更有一些蝶类如荨麻蛱蝶的幼虫经常数十成群地在荨麻枝叶间吐丝作成乱网，犹如蜘蛛那样匿居其中，借以防御外敌，而且同时取食和栖息，颇有规律。

蝶类幼虫的栖息场所，一般都很隐蔽，因此，在野外不很容易找到个别幼虫。有些蝶类的幼虫常有缀叶为巢而隐居其中的

习性，缀叶的方法因虫种各有不同，有缀一叶的，有缀数叶的，各有各的式样或技巧。香蕉弄蝶幼虫能将香蕉叶的边缘褶黏成巢而隐居其中，稻弄蝶则常缀联数叶而巢居其中。有巢居习性或结网群栖习性的幼虫，它们都在栖息处的近旁取食，绝不远出，一有惊动，立即退入巢内躲藏，这与一般蝶类的栖息习性完全不同。

成虫的生活习性 >

• 饮水

水是生物有机体在新陈代谢作用中必不可少的一种成分。因此我们常常能看到蝴蝶停在潮湿的地上吸水，尤其是稍含咸味的水，最能吸引它们来饮。每当烈日临空的炎夏正午，在洼陷的山路上，在溪边，就有各式各样的蝴蝶成群聚集在那里吸水。

• 取食

蝴蝶的寿命，长短不一。寿命长的可达 11 个月，寿命短的只有 2—3 周。在这段时期内，雄蝶忙着寻觅雌蝶交尾，雌蝶找寻寄主产卵，活动频繁，因此必须向大自然界充分摄取养料，才能顺利完成它们传宗接代的神圣使命。

蝶类不是专门探花吸蜜的昆虫。由于种类不同，它们的摄食对象也大不相同，并且绝大部分是专食性的。例如，有的种

45

蝴蝶王国

类不仅吸食花蜜，而且嗜吸某些特定植物的花蜜；有些蝴蝶则不吸花蜜而嗜食其他烂果或蛀树渗出的汁液，甚至人畜鸟兽的粪便，这说明蝶类食性是广泛的。

• 活动

蝴蝶是一种变温动物，它们的体温高低，是随着周围环境温度而变化的。因此蝴蝶的生命活动，直接受着外界温度的支配，温度低了，就停止活动。

每当早春或深秋的清晨，在田野里，常可见到一些蝴蝶张开了翅膀，面向太阳取暖，等到体温上升到各自需要的活动始点时，它们才会开始活动。这种现象若到3000 – 4000米的高山上去观察，可以看得格外清楚。当太阳从云层里穿出而光热照射到大地上时，就可以看到各式各样的蝴蝶活跃地四处翩飞。假如太阳忽被云层遮蔽起来，那么它们就立刻停止了活动，

寄主植物

雄蝶

瞬间，竟然完全看不到一个蝴蝶的影踪。当太阳重新照射时，它们又活跃如前，象这样有规律地一次又一次地重演着，非常有趣。知道了蝶类是一种变温动物，就不难解释上述现象了。

各种蝴蝶生命活动的特性是不尽相同的，而且同一种类的雌雄个体之间，习性也可能不同，雌蝶通常徘徊在寄主植物生长地的附近，活动范围比较狭窄，这种习性在高山地带显示得最为突出，这是因为植物的分布与海拔高度是密切相关的。雄

蝶则四处翩飞，觅寻配偶，即使在山地，它们的活动范围也要广阔得多。

山峰之巅，是多种蝴蝶的聚会场所，山隘孔道是多种蝴蝶飞行的必经之路；此外深沟峡谷的隧道，也是蝴蝶出没最多的地方。这里还应该看到，也有许多蝴蝶的活动范围是非常狭小的，它们好像是不愿离开家门一步似的，局限在一个小天地内生活。不到它们的家园人们就不容易看到它们的影踪，如疏毛薮环蝶。

蝶类的活动主要依靠飞翔，飞翔的习性视种数而有异，从飞翔的姿态来说，有平直前进的，有舞姿前进的，也有曲线前进的种种不同的飞翔方式。从飞翔的速度来说，有快到目不能辨的，也有慢到徒手可捉的。还有些种类能作滑翔飞行，有些种类能作定位飞翔，更有一些种类，力能振翅飞翔，随风飘舞，而远涉重洋。

此外还有一些种类能在林中长时间地在空中飞翔，忽东忽西，犹如蜂蝇临空飞舞一样，仅能看见一些迹影。再有一种俗名叫"异天蝶"的，当其受惊扰时，即腾空上飞，直上云霄，迅即飞到人们眼力所不及的高空中去，看来煞是有趣。

- 栖息

蝴蝶是昼出活动的昆虫，因此到了薄

暮来临时，它们就各自选择安静和隐蔽的场所栖息。栖息环境，依虫种而有不同，一般的种类都喜欢栖息在植物的枝叶上，有些种类则喜欢栖息在悬岩峭壁上面。

　　一般的蝶类是单独栖息的，但是也有些种类例如许多种斑蝶则是喜欢群聚在一起栖息的。其中褐脉棕斑蝶属著名的大量群栖的种类。

　　在蝶类昼间活动的过程中，个别种类还有它们独特的栖息习性。例如喙凤蝶在林空，像蜻蜓那样地徘徊飞翔了一段时间后，就栖落到树梢休息，隔一会儿再飞，除取食以外，从不下地，所以不易捕捉到这类蝴蝶。还有一些蝴蝶（例如翠灰蝶）具有领域性地喜欢栖息在山路隧道的灌木叶片上，看到其他蝴蝶飞过，就飞过去追赶，一会儿，仍归原处栖息，以后再见其他蝴蝶飞过，又同样飞过去追赶，这样一次又一次有规律地飞栖活动，目的是半路拦截同类的雌蝶，以求伺机交尾。所以，有时即使我们挥网兜未捕获而惊跑了这类蝴蝶也不要紧，等一会儿，它们仍旧会飞回原地，给你重新兜捕的机会，因此捕捉这类蝴蝶很容易成功。

最后，谈一下枯叶蛱蝶的生活习性。枯叶蛱蝶通常生活在树木茂盛的山岳地带，常见其出没于悬崖峭壁下葱郁的混交林间。雄蝶在活动时，常常飞栖到伸出在溪涧流水上空两米多高的阔叶树叶上，等候雌蝶飞过而追逐交尾，这时挥网兜捕，极易成功。如若漏网立即飞入丛林，栖止于藤蔓或树木枝干上，它飞翔迅速，行动敏捷，更凭借枯叶而隐匿起来，一时极难发现其栖息所在。它的栖息姿态是头端向下，尾部朝天，常静止在无叶的粗干上。

藤蔓

• 蝴蝶的迁移飞行

历史上记载过不少蝴蝶的迁移飞行。据威廉斯 1930 年统计已达 1273 次。在世界上已知有 214 种蝴蝶有迁移飞行的习性。

蝴蝶迁飞的群体有大有小，数量多时高达千百万。迁飞的种群组成，有单一的，也有混杂的。迁飞的距

49

离，有短有长，距离短的，仅在小范围内迁飞；距离远的，常常飞越洲或者横渡重洋，如威氏在 1935 年报告一则奇闻时说，褐脉棕斑蝶从墨西哥远距离飞迁到加拿大及阿拉斯加，共飞行了 4000 千米。

在我国历史上有关蝶类迁飞的记录并不很多。根据历史文献上的记载，从 1603—1933 年仅得五 5 次。发生在滇、桂境内，最近一次是 1933 年。据 6 月 16 日上海新闻报的记载，"1933 年 5 月 2 日正午天阴，云南昆明，距市东方 40 里之大板桥镇忽有白蝶数千万漫空蔽野，由东面飞来遍布于该镇之田亩林木及屋角墙壁等处，白茫茫毫无空隙……此蝶群休息数小时后，又行飞起……径往西方省城飞去……该镇人云，此蝶类纯系白质，大小翅上各有黑斑一两小点 。其数约有千百余万，并无他种色彩者掺入其中……"

报刊上也多次报道有关蝴蝶迁飞的现象，1988 年 8 月 2 日《解放日报》刊登了蝴蝶迁飞的报道："甘肃榆中县兴隆山风景区 7 月 19 日至 21 日连续 3 次出现蝶雪现象。据当地目击者说，三次蝶雪都出现在上午 10 时至下午 1 时，漫天飞雪般的蝴蝶铺天盖地，由兴隆山向马衔山飞去。蝴蝶呈黄白色间有黑色斑点。最大的一群出现在 19 日上午 10 时，近百米宽的兴隆峡被蝶群充斥，蝶阵前

50

后长约 5 千米，浩浩荡荡过了近 3 小时，有人用草帽一下就扣住几十只。"

年轻的达尔文在乘坐"贝格尔"号军舰进行环球旅行时，曾发现令人震惊的一幕：有一次，在开阔的海面上，飞来庞大的一群陆生粉蝶，落满桅杆和横桁。它们休息了一会儿，就离开了"贝格尔"号，冒着危险，继续飞向远方。

对众多蝶类来说，这样跨海越洋的长途飞行是很平常的事。例如，小苎麻蛱蝶的大规模迁移。据计算，蝶群大概由 300 万只蝶组成。

与别的飞行类昆虫相比，蝴蝶算飞得慢的。它们逆风时速为 7—14 千米，顺风时速为 30—35 千米。但蝴蝶是真正的马拉松选手。它们可以飞越几千千米，中途无需"加油"。还在身为毛虫的时候，它们就已储存好了全部能量。

迁移的蝶群可是一大景象。有一种粉蝶，它们的蝶群长可达 20 千米，宽 50 千米。每年冬天，这个庞大的群体从撒哈拉沙漠边缘出发，飞往扎伊尔。待它们抵达时，那里正好花香袭人，就等着蝶舞翩跹了。

"对迁徙的爱好"是有原因的。如果蝶群只生活在一个地方，那么出生的毛虫很快就会把所有赖以生存的植物吃个精光，蝶群自身就有灭绝的危险。在"人口"过剩之前它们就飞走了，从而挽救了整个种族。

柑橘凤蝶

• 交尾

　　一般蝶类的雄蝶比雌蝶要早一点羽化。之后，雄蝶到处飞翔，觅寻羽化不久的雌蝶，捷足先登地追逐交尾。一只栖息在叶上的雌蝶，如果是已经交尾过的，当雄蝶飞临时，它就平展四翅而将腹部高高翘起，绝不起飞，这是雌蝶不接受交尾的表示，因此雄蝶绕飞一阵，也就只好舍之他去；反之即行交尾。有时一只不需要交尾的雌蝶，当其在空中飞翔时，可能遇到好几只雄蝶追逐求爱，紧逼和绕圈飞舞，难解难分，一起上升到高空，这时雌蝶突然挟翅而下，急速降落，这种逃循使雄蝶

如堕迷途，不知雌蝶所在，因而雌蝶得以脱身。雌蝶的这种"逃婚"本能颇为有趣。

　　还有一些蝶类如绢蝶科的大部分种类，雌蝶在交尾之后，在交尾囊开口处的基部，生长出各种各样的交配后的衍生物（封瓣）1枚，成为阻止再交尾的障碍物，虫各一型。这是鉴别虫种的一大特征。

　　蝴蝶交尾的方式，是尾部相接而头部分向两端，如小褐斑凤蝶，在交尾过程中，如遇惊扰则雌蝶主动飞翔，而雄蝶则安静地倒悬在下方，任其拖着飞逃。

• 产卵

　　蝶类产卵各有其所，绝不乱产，最为常见的是将卵产在叶片的反面。一般是每次产一粒，如柑橘凤蝶。也有产卵成片的，如绢粉蝶。许多蝴蝶在植物上产的卵各有其特定的部位和特殊的排列方式，如朴喙蝶的卵产在朴树的嫩芽上；豆荚灰蝶的卵产在扁豆花蕾的基部；黄边酱蛱蝶产大量的卵在杨树细枝上，并且排列得很有规律，绕成一环；更有趣的是蒙蛱蝶的卵往往4—5粒、多至十数粒垒积成串。

　　此外有一些蝶类将卵产在寄主植物附近的其他物体上，无尾银蚬蝶就是一例。而最有趣的产卵方式，要算是枯叶蛱蝶，有时雌蝶产卵不直接产在寄主植物——马蓝等的叶片上，而将卵间接地产在寄主植物上方半米左右处的树枝上，当幼虫从卵中孵化出来以后，不久，就会吐一游丝下降，依靠风力吹动荡漾而到达寄主植物的叶面上，像这种颇有"远见"的产卵习性，在蝶类中也并不多见。

枯叶蛱蝶

马蓝

帝王蝶万里迁徙导向奥秘

帝王蝶是栖息在北美地区的一种色彩斑斓、身体硕大的蝴蝶，学名"黑脉金斑蝶"，俗称"帝王蝶"，是北美地区最常见的蝴蝶之一，也是地球上唯一的迁徙性蝴蝶。每年10月底至次年3月初，上亿只帝王蝶从美国东北部和加拿大南部飞越4500多千米来到温暖的墨西哥中部林区越冬和繁衍，然后再飞回美国和加拿大。为什么帝王蝶迁徙近一万里而不迷路呢，科学家一直试图揭开帝王蝶导向的奥秘。

科学家经过不懈努力，终于弄清楚了帝王蝶是通过什么机制指引如此大规模、远距离迁徙的。大多数人此前都认为它们的导向机制存在于大脑中，但科学家研究表明指引它们迁徙的生物钟竟然存在于触须上。

每年秋季，帝王蝶都会在远程跋涉过程中利用太阳来指引它们飞到墨西哥中部的越冬地点。但由于太阳是一个移动的目标，白天在不断变化位置，生物学家长期以来就推测帝王蝶除了利用太阳之外，一定还利用某种生物钟来导向。现在，研究者找到了这种特殊的定位全球系统，只是大大出人意料。

"我们知道，此前都假定这种起到导向作用的生物钟存在于帝王蝶的大脑中，"美国马萨诸塞州大学的史蒂芬·里珀特和其他科学家共同撰写了一篇研究论文并发表在《科学》杂志上。他说："以前几乎每个人都会说，'生物钟肯定是在大脑中。否则会在哪里呢？'"

里珀特和他的研究小组一直致力于研究蝴蝶触须感知气味的能力，而他们的研究结果令人震惊：当他们剪下蝴蝶的触须，将蝴蝶放进飞行模拟器时，蝴蝶的飞行变得紊乱了。

"这是不同寻常的分别，"里珀特说，"失去触须的蝴蝶

仍然按直线飞行，但在一起时它们却飞向不同的方向。相反，有触须的蝴蝶则全部飞向西南方。"没有了触须，蝴蝶就失去了利用太阳导航的能力，无法根据白天不同的时间调整方向。

但当研究这些失去触须的蝴蝶的大脑分子变化时，他们发现大脑的昼夜节律丝毫没有受到失去触须的影响。"这就证明了一种新奇的可能性，也就是说蝴蝶的定时机制实际上存在于它们的触须上。"

研究者为了验证他们的假说，将一半蝴蝶的触须漆成黑色阻挡阳光的吸收，另一半则涂上明亮的颜色帮助吸收阳光射线。涂有明亮颜色的帝王蝶继续向南飞，同时涂上黑色的蝴蝶则开始不断地向北飞，这表明它们的生物钟被打乱了。"触须的生物钟就像一个独立的全球定位系统，可以指引蝴蝶飞行。而现在它们却没有了，"英国莱斯特大学生物学家查拉兰伯斯·科夫写了一篇研究评论，也发表于《科学》杂志。"结果是出人意料的，因为其他的研究都认为导向系统在蝴蝶的大脑中。"

里珀斯认为新的发现不仅改变了科学家对蝴蝶触须的看法，而且也说明其他类型昆虫的触须可能具有相似的作用，比如蜜蜂和蚂蚁也具有复杂的导向机制。就像蝴蝶一样，蜜蜂也能利用阳光导向发现花朵并将自己的特定位置告知蜂群的其他成员，而且它们还能够利用触须上的生物钟适应白天太阳的位置变化。

"我认为这是一篇既有趣又优美的论文，"参与蝴蝶研究的明尼苏达大学生物学家凯伦·奥博豪瑟说。她说："如果昆虫触须拥有如此难以置信的感知能力，它能跟踪时间就不奇怪了。"

"我们的感知系统实际上存在于大脑中，但昆虫能够利用脚部感知味道，用触须感知气味，或许在腹部也有复杂的感知系统，"奥博豪瑟说，"因为昆虫的感知系统与人类的感知系统完全不同，有时我们的问题都停留在表面上。这就是里珀特试验的有趣之处——他们将问题研究得更加深入。"

蝴蝶在哪里睡觉 >

大多数蝴蝶是单独过夜的，但也有一些斑蝶喜爱集群栖息。不同品种的蝴蝶有不同的睡觉地方：朴喙蝶喜欢在枯枝的梢头安睡；桔凤蝶多半在植物叶下栖息；丝网蛱蝶则睡在悬崖峭壁上；很多眼蝶干脆就伏在草地上。

蝴蝶"恋爱"的奥秘 >

现在人们发现"恋爱"期间的蝴蝶是借助于光信号来"约会"的，据日本横滨大学昆虫学家介绍，无论雄蝴蝶还是雌蝴蝶的性器官区域都有一个非常敏感的"光感受器"，以发射和接收"赴约"的信号。最有意思的是，并不是所有的雌蝴蝶都会对雄蝴蝶的光信号"召唤"作出响应。一旦这些光信号遭到"隔离"，就意味着"谈情说爱"的中断。进一步仔细的研究表明，大约有30%的雌蝴蝶爱发这种"脾气"。碰到这种情况，雄蝴蝶"一气之下"再也不会发出第二次信号，在遭到身边"女友"拒绝后，雄蝴蝶又马上寻求新的"恋爱对象"。

蝴蝶的启示

蝴蝶世界，绚丽多彩，奥秘无穷。每当我们在野外或花园里漫步时，总会被翩翩起舞的蝴蝶吸引。尤其是那对五颜六色的翅膀，由一层透明的薄膜构成，上面布满了粉末状的鳞片，在阳光的照射下闪闪发亮。说翅膀造就了蝴蝶的美，一点也没有夸大其词。蝴蝶的翅膀给人们以深刻的启迪，使人产生出新灵感，孕育出一项又一项的新发明……

"隐身衣" >

1941年6月，德国法西斯侵略军以其"闪电"战略突入苏联境内。8月初，几十万德军团团围住列宁格勒，声称要在15天之内攻占这座大都市。然而，英勇的前苏军顽强抗击，使得侵略者的强攻无法得逞。为此，德军改换战术，决定派出强大的轰炸机群对列宁格勒的军事目标实施狂轰滥炸，彻底摧毁城里的防御系统。苏军了解到德军这一企图后，决定把重要的军事目标加以伪装。但用什么方法最理想呢？指挥官们心里没有底。随着轰炸日期的临近，形势越来越紧张。

一天清晨，苏军的一位将军在视察战地时，偶然看见花草丛中有几只蝴蝶飞来飞去。它们或高或低，时隐时现，令人眼花缭乱，真假难辨。这位指挥官颇受启发，由花草和蝴蝶联想到军事目标的伪装。他立即找到一位名叫施万维奇的研究蝴蝶的专家，请其主持设计一套蝴蝶式防空迷彩伪装方案。

这位生物学家临危受命，潜心研究。他参照蝴蝶翅膀花纹的色彩和构图，把保护、变形和伪造这3种伪装方法加以综合，对活动的军事目标涂抹与地形相类

57

似的巨大多色斑点，并且在遮障上涂染了与背景相类似的彩色图案。

　　就这样，蝴蝶专家施万维奇给列宁格勒数百个军事目标披上了他发明的"隐身衣"。德国轰炸机上的驾驶员在飞临列宁格勒城上空时都傻了眼，因为真真假假，所以无法判定目标的真实位置。他们找不到原先袭击的军事目标，只好胡乱地丢下几颗炸弹便匆匆忙忙地返航了。

卫星控温系统 ＞

　　翅膀上的鳞片除了把蝴蝶打扮得楚楚动人之外，还具有调节气温的功能。科学家在研究"七彩蝴蝶"时就注意到：当外界的温度下降时，蝴蝶的无数鳞片会紧贴在身体的表面，它们如同许许多多面小"镜子"，在"镜面"与太阳光垂直时，便能够大量吸收光的能量，使身体暖和起来，让体温保持在正常的范围之内；如果遇上气温上升或阳光直射，鳞片会自动张开，以缩小阳光辐射的角度，减少对阳光热能的吸收。航天专家根据蝴蝶的这种体表结构，成功地设计出一种和它鳞片作用相同的控温装置，终于解决了人造地球卫星遨游太空时的一大难题。

百叶窗

人造地球卫星遨游太空时，和太阳以及地球的相对位置时时刻刻都在发生着变化。以一颗在离地球300千米左右的轨道上运行的人造卫星为例，大约在60%—70%的时间里，它所处的轨道位置可以使它受到太阳光的强烈辐照，致使卫星的温度有可能高达100—200℃；在其余的时间内，卫星将在地球阴影区内运动，由于没有太阳光的辐射，卫星的温度有可能下降到零下-100℃—-200℃。

只有给卫星安装控温系统，才能确保卫星内部各种精密的仪器仪表不被冻坏或烧毁。

科学家开发的一种控温系统源于蝴蝶的体温调节结构，和它有异曲同工之妙。这种控温装置外形和百叶窗很相似，每扇叶片的两个表面的辐射散热能力各不相同，一个极强，另一个却很弱。

在百叶窗的转动部位，安装了一种对温度异常敏感、热胀冷缩性能特别明显的金属丝。当卫星温度急剧升高，超过设定的标准时，受热膨胀的金属丝就会使叶片张开，让辐射散热能力大的那个表面朝向太阳，帮助卫星散热降低温度；而遇上卫星温度快速下降的时候，冷缩的金属丝会使每扇叶片闭合起来，让辐射散热能力小的那个表面暴露在太空中，抑制卫星的散热，起到控温的作用。

59

照射下产生了浓烈的色彩。每个小坑仅万分之四厘米大小，坑的底部为黄色，它的斜边却是蓝色的。在解释燕尾蝶的翅膀为何呈现出绿色的原因时，科勒教授说："在光线照射到小坑的底部时，被反射后呈黄色；而照射到小坑一个斜坡上的光线同样也被反射，这种反射光线接着又反射到另一个斜坡而再次被反射。由于人的眼睛无法将从坑底反射的黄色光线和在小坑斜坡上两次反射的蓝色光线加以区别，因此感觉是绿色的。"

研究人员通过特定的光学仪器发现，燕尾蝶的蝶翅本身是明亮的蓝色，但肉眼看上去却是绿色。燕尾蝶可以看到同类身上蓝色的翅膀，而捕食者在满眼

燕尾蝶

防伪纸币和明信片 >

据英国《每日邮报》报道，英国剑桥大学马赛厄斯·科勒教授及其同事注意到：在亚洲印度尼西亚的树林里，生活着当地人称之为"大凤蝶"的燕尾蝶。有趣的是，它的翅膀本来有黄有蓝，可人的眼睛看上去却变成了闪闪发光的绿色。十分好奇的研究人员在用显微镜对燕尾蝶的翅鳞仔细观察之后，发现其结构别具一格，由类凹凸的光学微结构组成，其中角质层和空气层交错出现，从而在光线的

翠色的热带环境中所看到的只能是蝴蝶翅鳞上面的绿色斑块。在对燕尾蝶的翅膀进行深入研究之后,科勒教授与同事得出如下结论:燕尾蝶的翅鳞光泽具有极高的防伪作用和迷惑性,可以自由地为自己的颜色"加密",对交配对象显示的是一种颜色配方,而对天敌显示的则另一种颜色配方。由于翅膀结构复杂,每只蝴蝶在阳光照射下所产生的色彩如同人类指纹一样,堪称独一无二的"身份识别码"。

科勒教授的研究小组利用一种集合纳米技术程序,复制出燕尾蝶的翅膀结构。和真的蝴蝶翅膀一样,这些复制品都展现出鲜艳的色彩。科勒教授说,"虽然这种蝶翅复制品让人难以复制,但是这项研究仍然需进一步完善。在颜色组装方面,应该承认蝴蝶目前要比人类领先很多。如果科学家能够充分利用自己的优势,把光学结构和颜色变化更加紧密地结合起来,那么这一蝶翅仿生技术将会变得更加完美。"

科学家指出,只要在纸币或信用卡上面,仿照燕尾蝶翅膀的那种类凹凸光学微结构,使角质层和空气层交错出现,那么就可以达到防伪的目的。无论造假者的手段有多么高明,在外表上把假币印刷得与真币如何相似,但他们却没有在假币上布满分布和大小都与真币一样的小坑的技术。只需要使用专门的光学仪器检验,就能让假币原形毕露。

利用模仿燕尾蝶翅膀颜色的仿生技术,在纸钞、信用卡或护照的光学签名中加密,可用于钞票和信用卡的防伪标志处理,进而给制造假钞及复制信用卡和护照等设置难以逾越的障碍。到时候,犯罪分子想仿冒造假,恐怕要比登天还难。这一仿生技术既能提高金融系统安全,又能保护个人隐私,其商业价值不可估量。

● 蝴蝶的天敌

蝴蝶一生须历经卵、幼虫、蛹及成虫4个生长期，无论在哪一个阶段都有遭天敌侵袭的机会，造成蝶类死亡或受伤，影响蝴蝶族群的成长，因此在蝶类的世界，处处充满危机。

在自然环境中蝴蝶的天敌主要有3类，一为寄生性天敌，另一为捕食性天敌，第三种为杀戮性天敌。

一、寄生性天敌

寄生性天敌有体外寄生和体内寄生两种，体外寄生者主要为螨类，经常附着于蝴蝶体壁吸食蝴蝶体液为食，此种寄生螨类通常不会引起蝴蝶个体的死亡，但有时会传染疾病。而另一种寄生的天敌通常会引起蝴蝶个体的死亡，故称之为类寄生性天敌。

主要的类寄生性天敌有寄生蜂和寄生蝇，它们经由不同的管道进入蝴蝶的卵、幼虫或蛹体内，并以蝴蝶的食体为食，使蝴蝶无法羽化而死亡。寄生性的天敌较不易防范，除了以分散产卵、掩护色来避敌，及少许的体内生理防卫机制外，蝶类并没有积极的防御措施。

二、捕食性天敌

主要包括哺乳类、鸟类、爬虫类、两生类及其他节肢动物，如蜘蛛等，这些动物有的凭借快速的飞行，有的凭借精良的捕食工具，有的靠着灵敏的感觉，捕捉蝴蝶为食，而蝴蝶对于这类天敌可说是尽了最大的防卫可能，由卵、幼虫至蛹及成虫，都有一套御敌计划随时备战。

三、杀戮性天敌：人类是蝴蝶各时期最大的天敌。

蝴蝶的御敌招数 〉

第1招 走为上策

蝴蝶具有敏锐的感觉构造，可侦测到敌人的来临，而迅速逃逸。成蝶具有两对翅膀，可协助快速飞离现场。例如纹白蝶每秒可以飞1.8—2.3米远，蝴蝶遇敌逃逸。

第2招 找不到我

蝴蝶为了避免被天敌发现，常利用遮蔽物将自己隐藏起来，例如香蕉弄蝶幼虫会切开部分香蕉叶，将之卷起隐藏在内取食及化蛹。而波纹小灰蝶幼虫则躲藏在豆科花苞内取食。

第3招 自卫武器

有些蝴蝶幼虫身体上有棘状肉突或突起，使天敌觉得它不好吃，而不去攻击。很多蛱蝶类身上都有棘状肉突，例如琉璃蛱蝶、白三线蝶等。

第4招 化学防卫

当凤蝶幼虫受到干扰时，会迅速将头胸处背面的臭腺外翻，分泌有机酸御敌，使天敌不敢接近。臭腺是一种腺体细胞，依昆虫种类和龄期或所吃的食物不同而有不同的颜色和分泌物质。如大凤蝶的臭腺所释放出的物质为异丁酸和2-甲基丁酸。以颜色来说黑凤蝶幼虫的臭腺为红色；无尾凤蝶幼虫臭腺则为酪黄，末端具红色。另外，斑蝶雄蝶在遭遇敌人时从腹部末端将香笔外翻，同时分泌挥发性物质御敌。

第5招 伪装高手

蝴蝶的颜色和形状常会模拟栖息地的状况，与环境融合，不易被天敌看见，或成为不吸引天敌注意的形态，是一种保护色。如枯叶蝶外形和颜色完全像枯叶，身上甚至有叶脉、霉斑、污点和蛀洞等。凤蝶类的蛹伪装成枝条，同一种蝴蝶环境不同，化出不同颜色的蛹，以便与环境色调相类似，如绿色蛹和褐色蛹。有些凤蝶的幼虫于初龄至二龄时模仿鸟粪颜色，终龄以后变成与环境类似的绿色。

第6招 这是警告

通常有毒的或不好吃的蝴蝶，幼虫带有相当显着的颜色，如红、黄、橘于对比的黑或暗棕色条纹上。这类幼虫在小时通常利用误食的鸟会记取教训，例如琉球青斑蝶、姬小纹青斑蝶。

第7招 威吓敌人

有些蝴蝶的翅上具有眼纹和显著的颜色图案，借由突然的显露以惊吓天敌达到保护效果，让自己有充分的时间逃走。如乌鸦凤蝶的幼虫在胸部有两眼纹，当受到惊吓时会

肿大，使眼纹看起更大，再加上触角的外翻，就像蛇的吐信，使天敌以为是蛇，而产生犹豫。另外端红粉蝶的幼虫，在受干扰时会将头抬起威吓，如眼镜蛇的姿态。

第8招 寻求帮手

有些小灰蝶会产生蜜露吸引蚂蚁前来取食，也同时借由蚂蚁来保护自己。如淡青雀斑小灰蝶。

第9招 难吃一族

有毒或不好吃的蝴蝶互相模仿产生类似的颜色图案，使天敌在误吃吸取教训后，对类似的颜色图案不敢再捕食，这一类的拟态方式即称为米氏拟态。如青斑蝶类会互相模拟，成相似的颜色和斑纹。

第10招 狐假虎威

同一栖所中，无毒的蝴蝶会模仿有毒或难吃的蝴蝶，在天敌误食后，对类似的颜色图案不敢再捕食，借此逃过一劫。被模仿的蝴蝶通常数量多且时常出现，使天敌学得足够经验。这一类的拟态就称为贝氏拟态。如雌红紫蛱蝶模仿桦斑蝶、黄星凤蝶及斑凤蝶模仿青斑蝶等。

第11招 这是头吗

有些小灰蝶的头小而不明显，且触角具黑白相间环纹易没入环境中不见。后翅具有相当显目的眼纹和细长尾突，在停止时，后翅的尾突上下移动，使天敌误以为是真正的头部，进行攻击，此时小灰蝶虽然翅被啄食，但仍可保住性命逃走，如恒春小灰蝶。

第12招 是谁的眼睛

蛇目蝶和环纹蝶的翅上常有很多的眼纹，具有相当大的保护作用。有些眼纹看起来可让天敌误以为是捕食者的眼睛，或猫头鹰等，天敌不敢接近。此外翅上如有一连串歪斜的眼纹，则是故意成

为天敌攻击的目标区, 如鸟遇到此类蝴蝶时, 会立即攻击此一区域, 使最脆弱的蝴蝶身体幸免无事。

第13招 离家避难

有些天敌懂得循着食草食痕或受食草气味吸引来寻找猎物。因此幼虫时常晚上取食, 白天则离开食草躲避; 或离开食草化蛹, 以减少危机。

蛾子

第14招 混合避敌法

很多蝴蝶混合多种招式避敌, 例如凤蝶遇到敌人时, 前三胸节会凸起像特大的三角形, 再配合胸上的三大黑斑及触角翻出如蛇的吐信, 摆出毒蛇威吓姿势, 以吓走敌人。苎麻蝶幼虫身上有棘状肉突, 具警戒作用, 遇到敌人时, 还分泌一种略具异臭的黄色汁液, 驱赶饿敌。

蝴蝶翅膀上为什么长"眼睛"

许多动物利用保护色来逃避猎捕，包括利用斑纹降低被天敌发现的风险（伪装），向天敌暗示自己有毒或不可食用（警告色），或者装扮成其他动物或物体（"拟态"和"伪装"）。

除此以外，很多小动物例如蝴蝶、蛾子和鱼类拥有两对甚至多对"眼点"。许多眼点能吓跑掠食者，可以十分有效地防止天敌的攻击。在过去的150年里，人们都认定这是因为眼点模仿了掠食者自己的天敌的眼睛的缘故。但是，由剑桥大学的动物学家马丁·史蒂芬斯、科勒尔·哈德曼和克莱尔·斯蒂芬斯等人进行的研究表明，这一流行观点没有任何实验依据。

根据在线发表于《行为生态学》上的研究结果，蝴蝶等小动物身上的环状斑纹能有效对抗掠食者，是因为这些斑纹本身十分显眼，而不是因为它们模仿了掠食者天敌的眼睛。

史蒂芬斯、哈德曼和斯蒂芬斯用防潮纸做成假蛾子，把各种形状、各种大小、数目不等、对眼睛模仿程度不一的眼点组成吓人的图案，用高清打印机打印到纸上，他们在这些假蛾子身上拴上小虫子，然后钉到落叶混交林里的各种树上，观测野生鸟类对这些假蛾子的反应。

动物学家发现，与其他印着显著图案的人造蛾子相比，身上带有环状斑纹的人造蛾子受到的攻击不见得更少。他们发现，总的说来，最能吓退掠食者的眼点恰恰是那些花纹最大、最多、最显眼的。

史蒂芬斯博士解释说："和那些身带眼状斑纹的假蛾子相比，鸟儿们一样不喜欢长着条形和方形图案的蛾子。由此我们可以断言，眼点是否奏效，主要看它们是否鲜艳和显眼，而不是因为它们模仿了掠食者天敌的眼睛。这说明很多动物身上的环形斑纹，并不是像很多人说的那样，是在模仿其他动物的眼睛。"

蝴蝶的种类

蝴蝶的种类繁多，根据有关文献显示，全世界现已记录的蝴蝶达14000多种。为了方便人们的分类记忆，昆虫学家依据它们的形态结构、进化发展及血缘关系等条件，把种类繁多的蝴蝶分为16科，每一科下又分为若干个属。蝴蝶是昆虫纲鳞翅目蝶亚目(即锤角亚目)的总称，在此亚目下，根据血缘关系的远近而分为若干科、属和种。在实际应用上，有时分级不够用，因此常在科的上下各设总科和亚科、族、在属以下设亚属，在种以下设亚种。而由于外界条件的不同产生的不能遗传的变异称之为型。

蝴蝶16科包括：凤蝶科、绢蝶科、粉蝶科、蛱蝶科、斑蝶科、环蝶科、喙蝶科、眼蝶科、珍蝶科、袖蝶科、闪蝶科、绡蝶科、灰蝶科、蚬蝶科、弄蝶科、缰蝶科。在这16科当中，仅分有4科布于南美洲，因此在我国只有十二科。

凤蝶科

凤蝶科是昆虫纲鳞翅目的中到大型的美丽蝶种，常以黑、黄、白色为基调，饰有红、蓝、绿、黄等色彩的斑纹，一些种类更具有灿烂耀目的蓝、绿、黄等色的金属光泽。形态优美，许多种类的后翅有修长的尾突。凤蝶科还包含世界上最大的蝴蝶——亚历山大鸟翼凤蝶。凤蝶科的成员是最美丽的昆虫。有些种类是害虫。幼虫寄主多为芸香科、马兜铃科、樟科及伞形花科的植物，部分种类受到保护。

凤蝶科的成员均属于完全变态昆虫。正常情况下，寿命约为2—3个月。

成虫飞行速度中速，喜滑翔，常跳跃，警惕性高。时常于清晨及黄昏寻找花朵并吸食花蜜。

雌蝶一年可产多次卵，一次产卵不超过20枚。幼虫孵化后，会不断地吃食，若因数量过多而使植物减少以至饥饿，它们则会吃掉同类。由卵至成蛹约需6周，而蛹期约1个月或更长。蛹伪装为枯叶或树枝。幼虫在结蛹前会远离寄主植物。它们会选择在湿度较高的早上破蛹，以避免翅膀干枯。

寄主植物主要是芸香科、樟科、伞形花科及马兜铃科。其中有多种为柑橘的害虫。

凤蝶科共3亚科【宝凤蝶亚科、锯凤蝶亚科和凤蝶亚科】32属580种。

69

绢蝶科 〉

　　本科蝴蝶和凤蝶科很接近，多数为中等大小，白色或蜡黄色。

　　绢蝶成虫触角短，端部膨大呈棒状；下唇须短；体被密毛。

　　翅近圆形，翅面鳞片稀少（鳞片种子状），半透明，有黑色、红色或黄色的斑纹，斑纹多呈环状。前翅R脉只4条，A脉2条，无臀横脉；后翅无尾突，A脉1条。

　　本科种类均产于高山上，耐寒力强，有的在雪线上下紧贴地面飞翔，行动缓慢，容易捕捉。

　　本科分布在古北区及东洋区，世界已知52种。我国有2属35种，包括我国Ⅱ级保护动物阿波罗绢蝶。

粉蝶科 >

粉蝶科已知1200多种,分3个亚科,广泛分布。我国有130种左右。体型通常为中型或小型,最大的种类翅展达90mm。色彩较素淡,一般为白、黄和橙色,并常有黑色或红色斑纹。前翅三角形,后翅卵圆形,无尾突。前足发育正常,有两分叉的两爪。不少种类呈性二型。雄的发香鳞在不同的属位于不同的部位:前翅肘脉基部、后翅基角、中室基部、或腹部末端。有些种类有季节型。卵炮弹形或宝塔形,长而直立。幼虫圆柱形、细长、胸部和腹部每一节都有皱环。蛹为带蛹。寄主为十字花科、豆科、白花菜科、蔷薇科等,有的为蔬菜或果树害虫。

是中等大小的蝶类,体型比凤蝶(凤蝶科)小。常以白、黄色为基调,饰有黑、红、黄等色彩的斑纹,前翅三角形,后翅卵圆形,多数种类的翅膀表面如被粉状。来自于躯体废物的色素,构成其独特的色调,是粉蝶科蝴蝶所特有。

粉蝶科成虫的前足端部两爪间具有一个中垫(吸盘),因此它们能够停留在竖立的玻璃等光滑的垂直物体表面。

前后翅近似椭圆形;两翅中室均为闭式。前翅R脉3至5分支,多数种类前翅的R2与R3常合并,部分种类的R4与R5也有合并;M1与R脉共柄;A脉只有1条(2A)。后翅具有肩横脉(h);两翅外缘较钝圆;静止时侧面看不见腹部,后翅内缘较发达,A脉有2条(2A及3A)。

粉蝶科大约共有1241种蝴蝶,南极洲以外的所有大陆都有分布,主要在非洲中部及亚洲。中国有129种,遍布中国各省的高山与平原,但南北的优势种类有所差异,同种发生的代数也不同。

粉蝶科蝴蝶在花园中很普遍,是臭名昭著的害虫。

不少种类呈二型,也有季节型。成虫须补充营养,喜吸食花蜜,或在潮湿地区、浅水滩边吸水。多数种类以蛹过冬,少数以成虫越冬。有些种类喜群栖。

蛱蝶科 >

蛱蝶科,该科蝴蝶种类较多,属小型至中型的蝶种,少数为大型种。色彩丰富,形态各异。少数种类有性二型,有的呈季节型,极少数种模拟斑蝶。蛱蝶科是蝶类中最大的一科,全世界有3400多种。

色彩丰富,形态各异,花纹相当复杂。蛱蝶科成虫的下唇须特别粗壮;触角长且端部明显加粗呈锤状;复眼裸出或有毛;部分种类的中胸特别粗壮发达;前足退化,缩在胸下,无作用,雄性为一跗节,雌性4至5跗节,爪全退化。本科蝴蝶的翅形丰富多变,属间的差别较大。

虫体型多中至大型,少数种类为小型。复眼裸出;下唇须粗壮。触角较长,端部锤状或棍棒状明显。前翅径脉5条,臀脉1条;后翅臀脉2条,具肩脉。翅形变化极大,一些种类顶角尖突,一些种类具有尾状突。翅面颜色十分丰富。中室通常前翅为闭室,后翅为开室。两性前足退化,无作用,跗节无爪。卵呈半球形;卵表面具纵脊或横纹;卵散产或聚集在一起。幼虫长圆筒形,头小,许多种类体躯上布满棘刺。蛹为悬蛹。

复眼裸出或有毛,下唇须各亚科不同;触角长,上有鳞片,端部呈明显的

锤。基部有2条沟与头的中脊隔离。前足退化，缩在胸部下，没有作用；跗节雌蝶4—5节，有事略膨大，下方有刺，雄蝶1节，多毛，均无爪；胫节上有1对距，有爪，有中垫及侧垫。

本科蝴蝶的翅形丰富多变，属间的差别较大。前翅多呈三角形；中室为开式或闭式；R脉5分支，R2至R5共柄；M1与R脉不共柄；A脉只有1条(2A)。后翅近圆形或近三角形；部分种类边缘呈锯齿状；中室开式或闭式；肩区具有较发达的肩横脉(h)；内缘臀区较发达，A脉有2条(2A及3A)。

斑蝶科 〉

本科蝴蝶属中型至大型的美丽蝶种。常以黑、白色为基调，饰有白、红、黑、青蓝等色彩的斑纹，部分种类更具有灿烂耀目的紫蓝色金属光泽。

斑蝶成虫触角端部逐渐加粗，但不明显；前足退化，收缩不用，雄性前足为一跗节，雌性4至5跗节，爪全退化；胸部侧面常具有多数白斑；雄性腹部末端有可伸缩的长毛撮。

前后翅近似三角形；两翅中室均为闭式。前翅R脉5分支，R3至R5共柄；M1与R脉共短柄；前翅A脉基部呈分叉状

73

(3A并入2A)。后翅圆三角形，肩区具短小肩横脉(h)；A脉有2条(2A及3A)；部分种类的雄蝶有香鳞斑或突出的香鳞囊。

本科蝴蝶属中型至大型的美丽蝶种。体黑色，头胸部有白色小点；翅色艳丽，黄、黑、灰或白色，有的有闪光。体翅有力，头胸受到挤压、打击时存活时间比其他蝴蝶长。

头大，眼光滑；须小，上举；触角很细，线状。端部微微加粗。前足退化，缩在胸部下，没有步行作用。雌蝶跗节3节；雄蝶前足跗节只1节，末端皱缩呈刷状，无爪，中足与后足正常，跗节有强刺，爪长钩状，有垫。

喜在日光下活动，飞翔缓慢，优美。有特殊的臭味，可避鸟类及其他肉食昆虫的袭击，因此常被其他蝴蝶模拟，有群栖行，有的还能成群迁飞。寄主位萝藦科

植物、夹竹桃等主要分布在热带，全世界已记载150种，中国已记载25种。

雄蝶交尾器上有特殊的发香器官，伸展时如绒花。蛹常具有金银色金属光泽。幼虫大食有毒植物。

本科已知150种，主要分布在热带，其中包括著名的迁飞昆虫——君主斑蝶。中国已记载32种，常见的有金斑蝶、紫斑蝶等。

环蝶科 >

环蝶科蝴蝶属中至大型种类；它分布在亚洲、澳大利亚、印度和南美，颜色多为黄褐色或灰褐色，色彩多数暗而不鲜艳，少数种类具有蓝色斑纹。环蝶双翅的面积较大，虫体较小，翅腹面常具有圆形斑纹，并因此而得名。根据记载，全世界的环蝶共有约200种，我国有13种，而广东则有9种。本科蝴蝶多属中型至大型的蝶种。常以灰褐、黄褐色为基调，饰有黑、白色彩的斑纹。

环蝶眼有毛，触角细长，棒状部细；成虫触角较短，末端部分逐渐加粗，但不明显；前足退化，收缩不用，雄性为1跗节，后翅有香鳞区；雌性4至5跗节，爪全退化。

两翅面积较大，虫体较小；前翅近似三角形；中室为闭式，后角向外突出；前翅R脉4至5分支，R2至R5共长柄；M1与R脉不共柄；A脉只有1条（2A）。后翅近圆形；中室为开式；肩区具肩横脉（h）；内缘臀区非常的发达，A脉有2条（2A及3A），两翅反面近亚外缘常具多数环状斑纹。

喙蝶科 〉

喙蝶科：属中小型的蝶种，是至今发现在地球出现最早的蝶种。主要分布在我国海南及越南、泰国、缅甸、印度、斯里兰卡、印度尼西亚等。

本科以下唇须特别长为其特征，其长度约和胸部相等，伸出在头的前方，非常显著。头小，复眼上无毛。触角较短，明显呈锤状。雄蝶前足退化，跗节只1节，无爪（这一特征与蚬蝶相同）；雌蝶前足正常。翅色暗，灰褐色或黑褐色，有白色或红褐色斑。与蛱蝶科关系密切，为其一原始的分支。

前翅呈三角形；中室端部为弱的横脉封闭；R脉5分支，R3至R5共柄，M1与R脉不共柄，M2脉明显突出，超过顶角；A脉基部有分叉（3A并入2A）。后翅呈多边形；中室端部为弱横脉封闭；肩区具肩横脉(h)；内缘臀区较发达，A脉有2条(2A及3A)。

寿命很长，但雌蝶数量较少。非洲和美洲有些种类能远距离飞翔，但中国无迁徙记录。

本科分布于世界各地，但多数种类分布在南北美洲，少数分布非洲、欧洲和亚洲。

代表的种类有朴喙蝶。比较珍贵的有紫喙蝶，我国海南省及东南亚、澳大利亚可见。本科琦喙蝶1种被列入《世界濒危物种红色名录》。

眼蝶科 >

　　眼蝶科常以灰褐、黑褐色为基调,饰有黑、白色彩的斑纹。翅上常有较醒目的外横列眼状斑或圆斑。小型或中型种类,体躯细瘦,头小,颜色暗淡,通常为灰褐、黑褐或黄褐,少数红色或白色。翅上有较醒目的眼状斑或圆纹,少数没有或不明显。前足退化,毛刷状,折在胸下不能行走,无爪。雄蝶通常有第二性征,包括后翅正面亚前缘区的特殊鳞斑(斑上有倒逆的毛丛)及前翅正面近A脉基部的腺褶。眉眼蝶属和暮眼蝶属的旱湿季型特别明显。

　　眼蝶成虫触角端部逐渐加粗,但不明显;前足退化,收缩不用,雄性只有1跗节,雌性4至5跗节,爪全退化。

　　前翅呈圆三角形;中室为闭式;前翅Sc脉基部常膨大,部分种类的Cu脉及A脉的基部也有膨大;R脉5分支,R3至R5共柄;M1与R脉不共柄;A脉只有1条(2A)。后翅近圆形;中室为闭式;肩区具较发达的肩横脉(h);内缘臀区较发达,A脉有2条 (2A及3A),两翅反面近亚外缘常具多数眼状的环形斑纹。眼蝶因此而得名,起作用是引诱捕食者攻击这些非要害部位,使它们得以逃生。颜色较鲜艳种有蓝斑丽眼蝶、闪紫锯眼蝶、蓝穹眼蝶。大型代表种有宁眼蝶、白斑眼蝶、彩裳斑眼蝶、凤眼蝶等。

　　寄主植物多为禾本科植物,有的是水稻的重要害虫,少数属食羊齿类植物。

珍蝶科 〉

珍蝶科本科从蛱蝶科分出，成虫近似斑蝶科种类，因此又称斑蛱蝶科。成虫属中小型蝶种。呈褐色或红色，饰有黑、白色彩的斑纹。

本科从蛱蝶科分出，成虫近似斑蝶科种类，因此又称斑蛱蝶科。

分布南美及非洲，东洋区，世界约200种，中国1属2种。

本科是中型或较小的蝴蝶，前翅窄长，显著比后翅长；腹部细长，下唇须圆柱形；前足退化，中后足的爪不对称。能从胸部分泌出有臭味的黄色汁液，以逃避敌害，因之也为其他蝶类所模拟。多数种类翅红色或褐色，近似其所生长的环境，有的有金属光泽，少数种类透明，模拟其他昆虫。中室开式或闭有细的横脉。

体中型，成虫属中小型蝶种。多红或褐色，时有金属光泽。飞翔缓慢，有迁徙及成群栖于小树习性，拟似斑蝶。触角端部逐渐加粗，但不明显；前足退化，收缩不用，雄性只有1跗节，雌性5跗节，爪全退化，中后足的爪不对称；雌性交尾后，腹部末端有三角形的臀套。成虫前翅呈窄长卵圆形，明显长于后翅；中室为闭式；R脉5分支，R2至R5共柄；M1与R脉不共柄；A脉只有1条(2A)。后翅近卵圆形；中室为闭式；肩区具肩横脉(h)；M1与Rs共短柄；内缘臀区的A脉有2条(2A及3A)。

寄主植物主要为荨麻植物，如水麻。

78

非洲种类多取食西番莲植物。南美种类取食各种植物。

　　本科世界已知约200种，主要分布在南美和非洲，只有少数种类分布在东洋区和大洋洲。中国已知1属2种，包括苎麻珍蝶和斑珍蝶。

袖蝶科 ＞

　　袖蝶科又称长翅蝶科，其特征足翅膀狭窄，触角较长，腹部细长。翅展60—100mm。因体内含有毒素，故又称毒蝶，也有学者将其归入蛱蝶科，称纯蛱蝶亚科。

HUDIEWANGGUO

成虫通常飞行缓慢。它们经常大量群集在开阔的地方，在夜晚形成"睡眠集会"，栖息在灌木丛中。而且，它们常常会夜复一夜地返回同一地点休息。

卵为特别的纺锤形或瓶形，单产。多刺的幼虫几乎都取食西番莲属的植物。蛹为驼背形，具刺，倒挂在寄生植物的枝干上。

因它们容易饲养，而且寿命长、形态变异大，所以常常被用作实验对象。

世界已知约86种，主要分布在南美洲，少数分布在美国南部。

袖蝶科

闪蝶科 >

闪蝶科的学名来自希腊词"Morph"，为美神维纳斯的名字，意味着美丽、美观，也叫灿蝶、闪光蝶、摩尔浮蝶。这对于闪蝶这个小科来说，是再合适不过了。在任何博物馆或蝴蝶展览厅里，大多数闪蝶那迷人的蓝颜色都会首先吸引住观众的目光。最小的闪蝶翅展只有75毫米，最大的则超过200毫米。其硕大的翅膀使它们能够快速地在天空飞翔。该科已记载仅有1属81种，只分布在南美洲。并非

闪蝶科

所有的闪蝶都具金属般的蓝色光泽，而有的只限于雄蝶。所有种类，不论是蓝色的、绿白色的，还是褐色的，在翅的反面或多或少都有成列的眼斑。大型华丽，多为金属蓝色或灰白、橙褐色，翅展75—200mm，触角细而短，腹部特别短，翅反面褐色有条纹日间活动，飞翔敏捷，常以坠落果实的汁液为食，其硕大的翅膀使它们能够快速地在天空飞翔。该科蝴蝶的外形与环蝶相似（有的学者将其归入环蝶科中），但眼上无毛，雄性前足跗节上张毛，后翅中室开式。

蝴蝶翅膀上密布着含有多种色素颗粒的鳞片，鳞片上微细的色彩脊纹越密，产生的闪光也越强。闪蝶的鳞片在结构上则更为复杂，当光线照射到翅膀上时，会产生折射、反射和绕射等物理现象，在光学作用下产生了彩虹般的绚丽色彩，但并不是所有闪蝶都有这种亦真亦幻的金属光泽，一些种类和大部分闪蝶的雌蝶是没有闪光的。

绡蝶科 >

又名透翅蝶科。包括一些小型或中型的种类。体极细长。翅狭，多数种类翅上的鳞片稀少，黄白色半透明如绡帕，有的红褐色，有黑色斑纹。后翅无发香鳞。

绡蝶科是南美品种，中国没有分布，它们以透明的翅膀而命名。

灰蝶科 >

灰蝶在昆虫分类学上属于鳞翅目灰蝶科。据周尧《中国蝴蝶分类与鉴定》记载，全世界已记载4500余种，中国已知279种，属全球性分布蝶种。占所有蝴蝶种类的40%（2005），是蝴蝶中第二大科。

小灰蝶是鳞翅目灰蝶科昆虫的总称，属小型蝴蝶。本科蝴蝶是小型蝶类，仅次于蛱蝶科。翅正面以灰、褐、黑等色为主，部分种类两翅表面具有灿烂耀目的紫、蓝、绿等色的金属光泽，且两

翅正反面的颜色及斑纹截然不同，反面的颜色丰富多彩，斑纹变化也很多样。成虫很小，翼展通常不超过5厘米。

特征为触角有白色环纹。雄性前脚退化成1跗节，但仍可用于步行；常为蓝色。很多种类后翅具有尾突及眼点，停下时让尾朝上，看起来像头部。

灰蝶科成虫的触角具多数白环且短；前足退化，但仍能用于步行，雄性前足多为1跗节，1爪，极少分节；雌性前足为2至5跗节。本科蝴蝶的前翅多呈三角形；中室为闭式或开式；R脉3至4分支，R4至R5共柄；M1与R脉共柄；A脉基部有或无分叉(3A并入2A或无)。后翅近卵圆形；中室为闭式或开式；肩区无肩横脉；内缘的臀区较发达，A脉有2条(2A及3A)。

灰蝶常生活在森林中，少数种为害农作物，喜欢在日光下飞翔，雄性成虫有在溪旁、路面的积水边成群吸水的习性。常有尾突的种类成虫在植物叶片上活动，且飞行速度较快。寄主植物多为豆科、蔷薇科、壳

83

斗科、茜草科、景天科等植物，也有少数种类捕食蚜虫和介壳虫。

　　灰蝶科的鳞翅可大量用于蝶类贴翅画的制作。由于灰蝶科雄性多有金属光泽，并且有其他蝶类很少具有的古铜、亮绿、深蓝等颜色，搭配其他蝶类共同布置，会有更佳的观赏效果。

蚬蝶科 >

　　蚬蝶是类似灰蝶的小型蝴蝶，头小，触角细长。多数种类无尾状突起，少数种类有尾突。蚬蝶喜欢在阳光充足时飞翔，飞翔迅速但飞行距离不远。休息时翅膀喜欢展开。

　　翅展37—45mm。翅白色，雄蝶前翅外缘直，雌蝶前翅外缘呈圆弧状。前翅外缘和两翅外缘为黑褐色，在黑褐色中有一列白色条纹。

　　成虫喜欢栖息于深山大沟和阴湿的山谷中。7月间在四川峨眉山报国寺附近见到。

　　分布 四川、云南、缅甸、越南等。

　　蚬蝶科是鳞翅目昆虫的总称，体型中小，通常以褐色为主，配有白色、黑色或橙色斑纹。停留时，翅膀半开。波蚬蝶、蛇目褐蚬蝶较常见。雄蝶前足退化及收起，所以只见两对脚。雌蝶前足正常。从灰蝶科分出。小型或中型美丽的蝴蝶，翅展20—65mm，多数在40mm以下，有的性二型很明显，无季节差异。本科蝴蝶属小型蝶种。以红、褐、黑色为主，饰有白色斑纹，且两翅正反面的颜色及斑纹对应相似。与灰蝶科很相似，是从该科分出来的，全世界已记载1354种，中国26种。

84

灰蝶

蚬蝶是类似灰蝶的小型蝴蝶，头小，触角细长，端部明显锤状，具多数白环。复眼无毛。多数种类无尾状突起，少数种类有尾突。雄前足退化，缩在胸下不起作用，无爪(这一特征与喙蝶相同)；雌前足正常。

本科蝴蝶的前翅多呈三角形；中室为闭式；R脉5分支，R3至R5共柄；M1与R脉共柄；A脉基部有分叉(3A并入2A)。后翅近卵圆形，肩角加厚。肩脉发达；中室为闭式；肩区具较发达的肩横脉(h)；内缘臀区较发达，A脉有2条(2A及3A)，在M3脉处或2A脉处有尾状突出，有的尾突粗大，有的尾突细长。卵馒头形，表

85

蚬蝶

面有小突起。幼虫头大,体有细毛,整体呈短而扁的蛞蝓形,体形与灰蝶幼虫近似。蛹粗圆的缢蛹。

翅暗褐或黄红色,有红色或黑色斑纹,有些种类具有眼纹,个别种类翅膀透明。喜在阳光下活动,飞翔迅速,但飞翔距离不远。在叶面上休息时四翅呈半展开状,中名"蚬"由此而来。有的种类在叶上频频转身,不断改变方向。

卵近圆球形,表面有小突起。幼虫体扁,表面密披细毛,与灰蝶科相似。有的种类与蚁共栖。蛹为缢蛹,短粗钝圆。生有短毛。寄主为紫金牛科、禾亚科、竹亚科植物。

蚬蝶喜欢在阳光充足时飞翔,飞翔迅速但飞行距离不远。休息时翅膀喜欢展开。

本科已知1300多种,大多分布在新大陆,其次为大洋洲、古北区、东洋区和非洲区种类都不多。中国有26种,常见的有白带褐蚬蝶、白点褐蚬蝶。

弄蝶科 〉

　　本科蝴蝶种类较多。成虫属于小型蝶种，是蝶类中形态及生活习性最特殊的种类。弄蝶科成虫的触角端部呈尖钩状；雌雄成虫的前足均正常。

　　鳞翅目弄蝶科近3000种昆虫的统称，全球分布。体小，肥短，飞行快速如跳跃。有人认为弄蝶介乎蝶与蛾之间。成虫的头和身体似蛾，但静止时前翅多数像蝶那样上举。

　　又无见于多数蛾类的翅缰。触角似蝶，棍棒状，但多数末端呈细钩状。翅肌强大，故飞行速度每小时达32千米。幼虫以豆类及禾草类植物为食，常将叶子卷折结网，并在里边生活。

　　在丝质茧或丝、叶交织成的薄茧内化蛹。或将弄蝶分别归入科(澳大利亚种)及Megathymidae科(成虫翅展约90毫米，钻入龙舌兰及丝兰叶中的弄蝶幼虫在墨西哥视为美味，可油氽或制罐出售，称"龙舌兰虫"。

　　本科蝴蝶种类较多。成虫属于小型蝶种，在世界上有3000多种，是蝶类中形态及生活习性最特殊的种类。体型粗壮，头大，眼的前方有睫毛。弄蝶科成虫的触角端部呈尖钩状(端部尖出有钩)，触角基部互相

远离；雌雄成虫的前足均正常。飞翔迅速而带跳跃。弄蝶科和小灰蝶一样在蝴蝶中体型算是小的，前翅三角形，后翅卵圆形。暗黑色或棕褐色，少数种类为黄色或白色。外观朴素并不华丽耀眼。

缰蝶科 >

缰蝶科也叫澳弄蝶科，隶属于弄蝶总科，也有学者将其包含在弄蝶科内。

缰蝶体型较大，翅膀展开的宽度45—65mm。缰蝶科最突出的特征是雄蝶后翅具有翅缰（参看翅脉图），和前翅的抱缰器相连接，以便在飞行时前后翅保持一致，而其他蝶类均不具翅缰，但蛾类具翅缰。

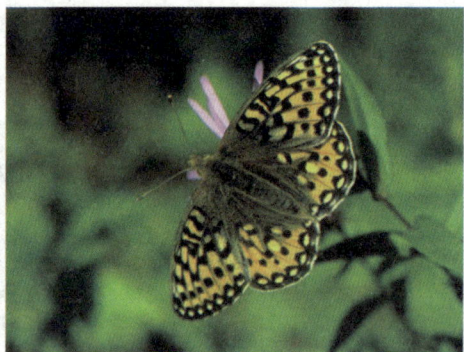

缰蝶飞行姿态很特殊，也很敏捷。喜访花，常在马缨丹上取食。在叶片上休息时四翅外展像蛾类一样。

幼虫呈绿色或蓝灰色，躯体粗壮，头黄色，有2条红黑色纹。

产于澳大利亚北部，仅1属1种。

美丽奇特的蝴蝶品种 >

• 8-8蝴蝶

这是一个生活于南美洲的蝴蝶物种，名为"8-8蝴蝶"，它的名称就来源于其下层翅膀上的"8"字型图案。这只蝴蝶绚丽的翅膀让它看起来相当神奇，翅膀上美丽的图案充满了神秘色彩。事实上，这种美丽的

翅膀不仅仅具有观赏价值，它还可以恐吓和欺骗捕食者，帮助蝴蝶逃避攻击。此外，它还有一个重要的功能，那就是吸引异性。

猫头鹰蝴蝶

• 邮差蝴蝶

邮差蝴蝶的翅膀红黑相间，其中亮红色的部分意在警告可能的捕食者。其艳丽的斑纹明显表示，这种蝴蝶是有毒的，捕食者应该远离它们。这就是一种警戒色，在自然界许多动物身上都存在。事实上，许多蝴蝶身上并没有毒性，但它们成功地进化出这种警戒色，它们身上长出的图案和许多有毒蝴蝶身上的图案完全相同。

• 猫头鹰蝴蝶

猫头鹰蝴蝶的名字也来源于它们翅膀上的图案。在它们下层两侧翅膀上，分别有一处像猫头鹰眼睛一样的图案，看起来有点凶神恶煞。很明显，这也是一种警戒色。猫头鹰眼睛图案的功能就是在欺骗捕食者，让对方误认为正有一只大眼睛动物在凶狠地瞪着它们。生物学家认为，这种图案或许还有一层含义，那就是蝴蝶下层

翅膀是身体较弱的部分，这样的图案就是为了恐吓捕食者不敢轻易下手，至多也是攻击上层较硬的翅膀。

• 枯叶蝶

枯叶蝶最容易"消失"在地面之上。枯叶蝶的翅膀与树林中地面上的落叶非常相近，几乎可以以假乱真。当它们落在地上收起翅膀时，可以很好地躲过捕食者的攻击。当危险过去以后，它们又会振翅高飞。不过，在它们翅膀展开之后，翅膀顶端的淡蓝色部分就可能显现出来。

• 蓝闪蝶

蓝闪蝶也称为"蓝摩佛蝴蝶"，其特

别之处就在于它们会利用自己的色彩优势来保护自己。当有捕食者接近时，它们会快速振动自己的翅膀，产生闪光现象来恐吓对方。这种热带蝴蝶并不是以花蜜为食，相反它们更喜欢吃成熟热带水果的汁液，比如芒果、荔枝等。

- 透翅蝶

　　透翅蝶看起来就有一种梦幻般的感觉。与其他透明翅膀的蝶类一样，透翅蝶的翅膀上没有那一层鳞片，因此很容易识别它们。透翅蝶主要生活于南美洲的雨林中。它们这种透明的翅膀可以起到隐形的效果，以躲避捕食者的攻击。

- 豹纹蛱蝶

　　大部分蝴蝶的进化动机都是为了隐藏自己，逃避攻击。但是，有的时候它们也需要表现自己，让自己成为关注的焦点。在交配季节，蝴蝶就要通过表现自己来吸引异性的青睐。雄性豹纹蛱蝶身上长有华

丽的桔黄色图案，它们用这种显著的图案向异性暗示，它们的基因是最优秀的。豹纹蛱蝶具有两性异形的特点，这也就意味着雌性远没有雄性那么华丽，因为它们不需要通过华丽的外表来吸引异性交配。雌性豹纹蛱蝶的翅膀通常呈黑色、棕色或是白色。

蝴蝶之最

世界公认的最漂亮的蝴蝶——光明女神蝶

世界上最大的蝴蝶——世界上最大的蝴蝶翅膀展开有30cm，产于太平洋西南部的所罗门群岛和巴布亚新几内亚。它的名字叫大鸟翼蝶（亚历山大女皇鸟翼凤蝶）。据资料显示，最初人们是在一个密林中发现的，它在树梢上飞来飞去，很不容易采捕，后来还是用弓箭将它射落。

世界上最小的蝴蝶——最小的蝴蝶是蓝灰蝶，翅展仅1.3cm，在我国云南西双版纳有采集记录。

生活在最高地方的蝴蝶——我国的帕米尔高原最高处有7000多米，登山健儿曾在海拔6000米左右的冰川裂缝里看到过一种紫酱色的小灰蝶。

生活在最北方的蝴蝶——北纬83度，已是北极圈内，距离北极中心只有700多千米。这里气候严寒，在仍能看见有灰蝴蝶在那里飞舞。

飞行最远的蝴蝶——君主斑蝶每年的11月至次年的3月，数百万计地从加拿大东南部和美国东部山区飞到墨西哥城以西200千米处的"蝴蝶谷"这段距离5000多千米。

最贵的蝴蝶——1996年10月24日在法国巴黎的一个拍卖会上，一只大鸟翼蝶以1800美元的高价卖出。这在世界上还是第一次拍卖出如此昂贵的蝴蝶标本。

翼振最慢的蝴蝶——蝴蝶翅膀振动的次数叫翼振。大部分的蝴蝶每分钟振动460—636次，但金凤蝶每分钟仅振动300次，平均每秒钟振动5次。

世界上翅形最长的蝴蝶——长翅大凤蝶是非洲的代表凤蝶，它在翅形长度常超过20—23cm，比大鸟翼蝶的雄蝶还长。成虫体内有剧毒，据说可毒死6只猫。

所罗门群岛蝴蝶

● 蝴蝶，是敌？是友？

蝴蝶与人类的关系，到底是有害还是有益的呢？

1.蝴蝶在幼虫期是害虫，因为它啃食植物；在成虫期是益虫，因为它通过飞行给植物传授花粉。

2.其实给人类造成物质损害的种类并不多，如危害水稻的稻弄蝶、稻眉眼蝶，危害十字花科蔬菜（卷心菜）的菜粉蝶，危害柑橘的玉带凤蝶和柑橘凤蝶，加害樟树的樟凤蝶，加害铁刀木的迁粉蝶。

绝大多数蝴蝶都是有益的，如为植物传播花粉，维持生态平衡，美化了大自然。如果地球上没有了蝴蝶与蜂，也就没有了艳丽的花朵，大地也就黯然失色。此外还有专吃蚜虫的蚜灰蝶，还有其他可供药用或食用的种类……

● 蝴蝶的养殖采集

蝴蝶的饲养 〉

从野外采集来的优质蝴蝶的幼虫、成虫、卵和蛹均可移入室内饲养。蝴蝶饲养室通常采用木制或竹制，用16—18目的铜纱，铁纱或尼龙纱盖笼室，以防外逃，如采用养虫笼。由于饲养蝴蝶要经幼虫、蛹、成虫4个阶段，其形态和习性完全不同，饲养方法也各不同，从田间采回成虫准备繁育时，必须是雌雄配对交配产卵。蝴蝶习惯在飞行中交配，故要准备较大的空间。交配后的雌虫，喜欢在叶面、果面、平滑的枝干或粗糙的缝隙等处产卵。室内饲养时应根据各处蝴蝶的不同习惯准备产卵场，如折的纸条、谷草、干枝、纱布等。卵期要注意保湿，过于干燥会降低卵的孵化率，用湿纱布围在卵面上、效果较好、卵孵化为幼种后，大多数以叶片、茎秆、花果为食，田间采回即可。为了保持饲料新鲜度，可将植物茎部插入盛水器中。或用湿棉球

包裹, 饲养密度每10平方厘米0.5—2只, 具有相互残杀性的虫种, 虫口密度应更少或单独饲养。幼虫发育到5—6龄老熟后即化蛹, 可饲养室内, 可用人工制作折叠的纸条。皱缩的纸团。禾秆及在木板上刻上若干小的凹陷小室等均可满足幼虫化蛹。应将它们放在黑暗的保湿土壤中。蝴蝶就是蛹羽化的成虫, 需要供给吃的, 包括天然食料和人工饲料两大类、水、蜜汁、糖浆、牛奶等是常用的液体食料。供蝴蝶取食的糖水或蜜汁的浓度为1%—10%, 可直接把液体食料装入供食杯蝶等容器中。也可采用吸收性弱的脱脂棉。脱脂纱布等浸入供食液体后再放入瓶中, 再将瓶倒置于底部朝有吸水纸

或脱脂棉的玻璃器皿中, 由外凸的脱脂棉等供给蝴蝶取食。还可自制适合不同蝴蝶"口味"的人工饲料。如: 凤蝶类采用醋糖、葡萄糖、干酵母、高蛋白、滤纸粉末、甘桔叶等。添加防腐剂。

蝴蝶的野外采集 >

野外采集蝴蝶需备有捕虫网、毒瓶、镊子和三角纸袋等。捕虫网可以自制, 形状是铁丝弯成的直径33厘米的网圈, 两端留出适当一段, 弯成直角, 固定在网柄上。风柄为长60—100厘米, 粗1.5厘米的木棒, 网袋可采用白色细眼珠罗纱。白蚊帐布或粗纱布及尼龙蚊帐等。由2片缝合而成, 口部用白布包边, 穿套在网上。毒瓶是以毒气装氰化钾5—10克或敌敌畏作毒馏。上盖一层木屑压紧后灌 层石膏即可, 用热石膏粉加清水制成石膏, 糊时

不宜过稠过稀以不下流为即。土法也可采集桃树叶，搅料后每瓶放入0.5千克，压实约占瓶高的1/2—2/3，后撒一层热石膏粉压平，并均匀喷水使之结成硬块，再用剪圆牛皮纸盖住石膏粉即成，在桃树叶上滴1—2滴敌敌畏效果更好。

如果在野外发现珍稀蝴蝶，迅速将网口张开，套住蝴蝶，随即将网口向下翻，挥动网袋下部连蝴蝶一同甩到网圈上来。如大型蝴蝶则可以从网外捏住其胸部，轻轻放入预备的三角袋里并注明采集地点和日期。如无毒瓶时，可用手指直接捏一蝴蝶的胸部，使之失去活动

能力后再用镊子轻轻夹入三角袋中。切忌用手触摸翅膀，以保持自然美态。否则，受损蝴蝶售价降低。

蝴蝶标本制作

要制作蝴蝶标本，首先要准备以下用具：

• 昆虫针

昆虫针是制作针插昆虫标本的必备用品。因昆虫虫体大小不同，采用昆虫针的粗细各异。昆虫针通常长为38毫米，粗细有00、0、1、2、3、4、5、6、7等号码，00号的直径为0.3毫米，依次加粗，品质以弹性优良的不锈钢制品为最佳。针插蝶类标本，常购置5、3、1三种号码。

• 三级台

三级台可用一块木板做成长12cm、宽4cm、高2.4cm的三级台，第一级高0.8cm，第二级高1.6cm，第三级高2.4cm，每一级中间有一个和5号昆虫针一样粗细的小孔，以便插针。三级台是用来针插标本的，它可以使所有制作的标本及其标签的高度统一。

• 展翅板

展翅板选用较软的木材制成。板中铺一软木的沟槽。沟槽旁两块板中的一块是可以活动的，以便根据虫体大小调整沟槽的宽度。如没有这样的展翅板，也可以用硬泡沫挖槽制成。

• 还软器

在制作贮藏中的标本时，由于虫体已极干脆，一触即碎，必须使其还软，才能展翅和整姿。还软器是制作干标本的必备工具。在大量制作时，合适的还软器可利用玻璃质干燥器来改装，即在器底放一层洗净的湿沙子，加几滴石碳酸液以防发霉，在沙子上放一张吸水纸，再将三角纸袋竖放器中。在室温下数天左右（夏天时间短些），蝶体可还软，此时须抓紧展翅和整姿。放置时间过长，标本会发黑，影响色泽。如无干燥器，各种有盖的容器都可替代。

此外，还需要标签、压条纸、大头针、镊子等。

• 制作标本的步骤

首先，根据虫体大小，选择适当的昆虫针，自蝴蝶胸背中央插入，并留有8mm长度。接着，将针对准展翅板槽的中间垂直插下，使虫体背面与展翅面板平行。再用小号昆虫针或镊子拉住或捏住左右前翅较粗的翅脉向前拉，直拉至前翅的后缘和身体相垂直。然后，压上事先折叠过的透明的压翅条，使其前翅后缘与压翅条上的折痕重合。为了使标木呈自然状，可用昆虫针在翅基部翅脉处拨弄整形蝶翅，并把足、触角和触部稍加整理。最后，检查标本制作是否正确，有无差错，若无差错，可把标本放进40℃的烘箱内烘干或放在通风干燥处约两周，使其自行干燥。在制作好标本后，要认真做原始记录。

● 世界十大知名蝴蝶园

吉隆坡蝴蝶公园（马来西亚）〉

吉隆坡蝴蝶公园位于直落巴亨，毗邻湖滨公园，建立于1986年，是世界第一座热带蝴蝶公园，占地面积0.8公顷。公园是对蝴蝶自然生长环境的一个模拟，里面栽种的全是热带雨林植物，尤其是易长花卉的品种，约有15000株，可以供蝴蝶汲取食物。

为了防止蝴蝶飞出公园，公园被一个巨大的网罩着，园内有超过120种、6000只蝴蝶，各色的蝴蝶在园中翩翩起舞，再加上植物的陪衬，使得整个公园非常美丽。除了蝴蝶，还可以看到其他昆虫，有马陆、蝎子、蜥蜴、鳄龟、鸳鸯、蜘蛛、青蛙等。蝴蝶公园里有个莲花池，是游人拍照的最佳之处。坐在园内休憩的时候，蝴蝶就会飞到你的肩膀上向你问好，你可以买点水果，闻到水果的香味后，它们就会来汲取食物。

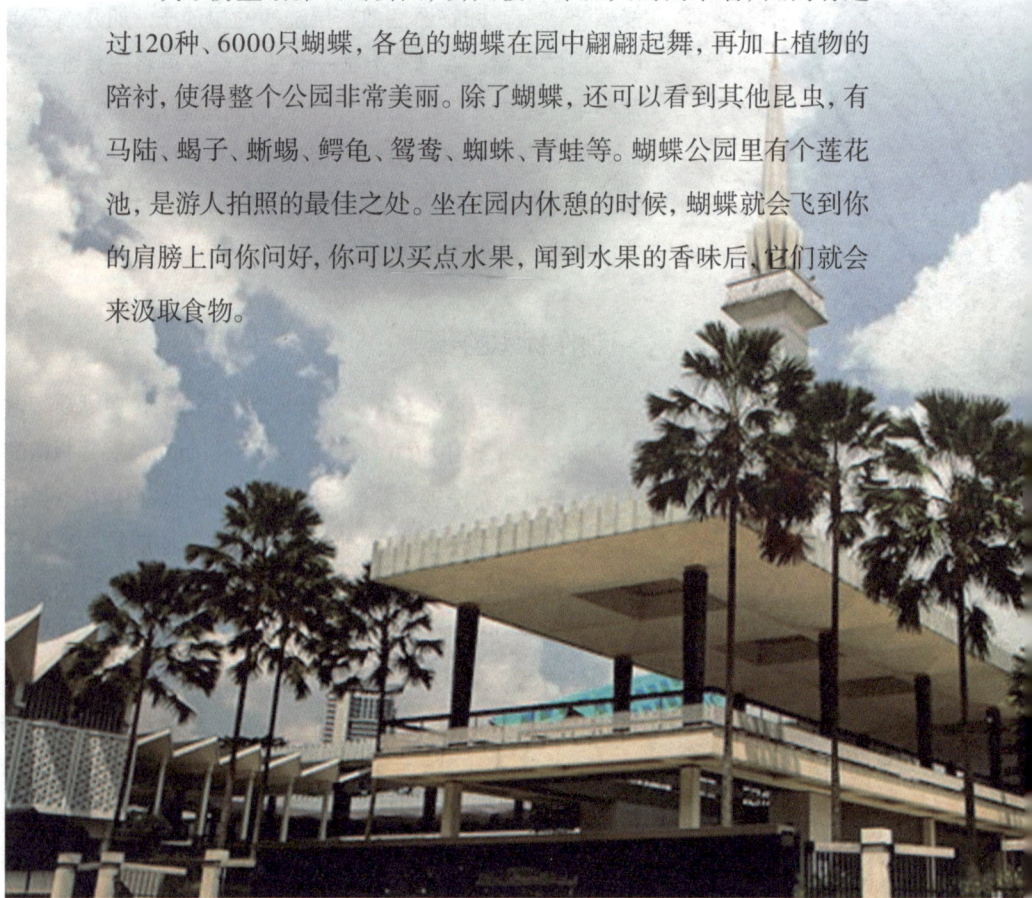

园内还专门开设了一所昆虫博物馆，收藏了飞蛾、蝴蝶和昆虫的标本，让游客对蝴蝶有更多的了解。除此之外，还有专门的纪念品店，可以买一些自己喜欢的工艺品、蝴蝶标本作纪念。

蝴蝶公园与昆虫王国（新加坡）＞

蝴蝶公园与昆虫王国位于新加坡圣淘沙岛，是来圣淘沙岛的必去景点之一，园内景色优美，色彩斑斓，蝴蝶伴着虫唱翩翩起舞，能让你充分感受大自然的和谐。蝴蝶公园里有超过50种共计15000多只蝴蝶；这些蝴蝶最小的只有25毫米，最大的有150毫米，形态色彩各异，绚丽多姿。昆虫王国里有来自世界各地的3000多种稀有昆虫，一定让你大开眼界；而且这里时常举办昆虫表演，游客可以切身体会如何接触如蝎子、甲虫一类的昆虫。蝴蝶与昆虫王国是热爱大自然朋友的最佳去处，在这里你可以眼看、耳闻、手触大自然给予的一切，更可以享受白天与蝴蝶共舞、夜晚漫天萤火虫的浪漫。

郁,花儿竞相开放,为蝴蝶的生长提供了天然环境。园内有500多种来自世界各地的蝴蝶,它们有的在空中翩翩起舞,有的在花朵上汲取食物,有的则闭目眼神,将整个公园装点得生机勃勃,非常具有灵动的感觉。颜色各异的蝴蝶让人浮想联翩,像是来到了一个蝴蝶世界,满是大大小小、形态各异的小生灵。除了多姿多彩的蝴蝶外,园内还有小鹦鹉、蜂鸟、昆虫等,同翩翩起舞的蝴蝶一起构成了一幅水彩画。

蝴蝶世界还专门设有研究蝴蝶的实验室,有兴趣的话,可进去进一步了解蝴蝶的生存环境、生理结构以及繁殖,可以观赏到不同年龄阶段的蝴蝶,如卵、幼虫、蛹和成虫等。

蝴蝶世界（美国）

想和蝴蝶一起翩翩起舞吗?想看到五颜六色成千上万只蝴蝶吗?那么美国佛罗里达椰子溪的蝴蝶世界就是一个可以帮你实现愿望的地方。蝴蝶世界于1988年对外开放,占地面积10英亩,是美国最大的蝴蝶公园,也是西半球最大的蝴蝶公园。蝴蝶世界内的植物葱葱郁

澳大利亚蝴蝶保护区（澳大利亚）

澳大利亚蝴蝶保护区位于昆士兰州被热带雨林包围的库兰达小镇,于1987年对外开放,是澳大利亚最大蝴蝶保护区,约有1500只热带蝴蝶,都是当地热带雨林品种。自从保护区对外开放以来,已有超过100万游客参观。

蝴蝶是热带雨林中最神奇的生物,

红锯蛱蝶

普吉蝴蝶园和昆虫世界（泰国）

睹到它们的风采，让它们为世界所了解。

普吉蝴蝶园成立于1990年，旨在让游客体验大自然不可思议的创造力和无限的魅力，已经发展成为世界上最好的蝴蝶园之一，同时也是一个很好的蝴蝶研究中心，为研究蝴蝶的生活习性和居住环境提供便利。

漫步于五彩缤纷的热带蝴蝶园中，周围被鲜艳的花儿和成千上万的蝴蝶包围，各色的花朵、各样的蝴蝶让人眼花缭乱，它们有的啜饮花蜜，有的在空中飞舞，有的则静静地休憩。游客在这个蝴蝶园享受到的不仅仅是安逸和放松，更是

种类之多，数目之大，让人情不自禁地感叹这种小生灵的顽强生命力。保护区内的蝴蝶分布比较分散，是需要自己去寻找和观赏的，包括蓝色的天堂凤蝶、绿色和黄色绿鸟翼蝶、红锯蛱蝶、透翅蝶等，其中绿鸟翼蝶是澳大利亚最大的蝴蝶。漫步在保护区内，颜色各异的蝴蝶让人顿时感觉自己也即将变成一只飞舞的蝴蝶，随着蝶群起舞而去。它们有的在溪边翩翩起舞，有的飞过瀑布，有的静静地落在植物的叶子上休憩，将绿色的植物也装扮得多姿多彩。

漂亮的、鲜艳的、姿态各异的蝴蝶会让我们情不自禁地举起相机将它们的美丽姿态拍下来，让世界各地的人都能目

透翅蝶

一个研究蝴蝶的好机会，甚至可以观看小毛虫是如何转变为蝴蝶的全过程，园内时刻都上演着真实的蝴蝶生命循环。

除了蝴蝶园，昆虫世界也会以那些我们平常不会注意到的奇迹般的小型昆虫让人惊叹。昆虫世界是一个探寻小生物的神奇世界，如白蚁、蚂蚁、竹节虫、狼蛛、蜘蛛、蝎子、千足虫等，将会了解这些生物百万年来是如何繁殖和生长的。

苏梅岛蝴蝶园（泰国）　＞

苏梅岛蝴蝶园坐落于泰国素叻府苏梅岛西南角的一个山谷中，由山谷、溪流所形成的自然生态环境使他成为一个极适合蝴蝶以及其它生物栖息的地方。园内生活有30多种，上千只色彩各异的蝴蝶，它们成为这个花园的精灵，成为这个花园最灵动的色彩。

苏梅岛蝴蝶园有一个蝴蝶放养园和展示昆虫标本的博物馆，园内飞舞的蝴蝶让人赏心悦目，来此的游客都不约而同地拿起相机，记录了蝴蝶的美丽身影，拍摄了它们最美丽的瞬间。这些热心的蝴蝶会飞到你的面前，甚至会停在你的手臂或者肩膀上，这也算是对游客的一种欢迎方式吧！昆虫博物馆则展示了园内的蝴蝶和昆虫的种类、生活环境以及习性，让游客从方方面面了解这些可爱的生灵。

每年的12月至次年的3月份是来苏梅

库克山脉

岛蝴蝶园观赏蝴蝶的最好时间，千万不要忘记了带相机！

奇潘地蝴蝶园（马来西亚） >

　　马来西亚奇潘地蝴蝶园坐落于沙巴州兵南邦摩约的奇潘地村，周围被高大的山脉包围，空气清新，环境优美，是一个放松身心的好地方。它也是一个拍摄蝴蝶的好地方，这里的蝴蝶种类达100多种，很多都是罕见或者稀有品种。

　　奇潘地蝴蝶园除了昆虫、蝴蝶外，还有800多种的兰花、15种猪笼草以及28种球兰，其中不乏只在沙巴原生的特有品种，尤其是具有药用功效的稀有植物种类，为蝴蝶的生存和繁衍提供了良好的环境。这些颜色各异的蝴蝶活泼而又可爱，寂静而又灵动，有的吮吸着花蜜，有的在空中飞舞，自由自在，无拘无束。漫步于

繁华盛开，蝴蝶起舞的公园中，四周环绕着景致迷人的库克山脉，苍翠绵延起伏的山峦，沿途凉风习习，让人感觉像是走进了一个如梦似幻的诗情画意场面，惬意而又清爽。

马六甲蝴蝶园（马来西亚）〉

就像古人说的：哪里有怒放的花儿，哪里就有色彩斑斓的蝴蝶，确实如此，蝴蝶是大自然的精灵，分布在世界各地，为大自然注入了生机，为人类增添了色彩。既然来到了马六甲，就一定不要错过马六甲蝴蝶园。

马六甲蝴蝶园是蝴蝶的乐园，是蝴蝶的天堂，这里不仅有繁多的花草树木，更有大小不一，种类齐全的蝴蝶，为东南亚最好的蝴蝶园之一，深受游客欢迎。在这个蝴蝶园中，可以欣赏200多种色彩各异的蝴蝶，它们轻盈的舞姿让人为之动容，它们艳丽的色彩让人惊叹不已，它们或在你的肩膀站立，或在你的头顶盘旋，自己仿佛也要化蝶随之而去。除了让人遐想的蝴蝶外，园内还有400多种罕见的昆虫为蝴蝶做伴。

尼亚加拉蝴蝶温室园（加拿大） >

尼亚加拉蝴蝶温室园坐落于加拿大安大略省的尼亚加拉瀑布城，于1996年开园，占地40公顷，蝴蝶们生活在一个巨大的圆顶玻璃暖房内，有60多种，超过2000只热带蝴蝶，它们有的吃水果，有的在花儿前觅食，有的落到游人的肩上，好不快乐。

数千只蝴蝶在玻璃暖房内翩翩起舞，小径两旁是郁郁葱葱的热带植物，蝴蝶就是以这些植物为家，如马樱丹属植物、萼距花属植物、百日草属植物、蛇鞭菊等，每个小时有300多名游客来参观这个多姿多彩的蝴蝶天地。如果游客想让蝴蝶飞到自己身上，则需要穿上亮色的衣服，喷上香水，慢慢地移动步子，蝴蝶就会把色彩鲜艳并且具有香味的你当作花儿落到身上。园内常见的蝴蝶有橘釉蛱蝶、蓝色大闪蝶、玉带凤蝶、银纹红毒蝶等，翩翩起舞，美丽迷人。

热带植物

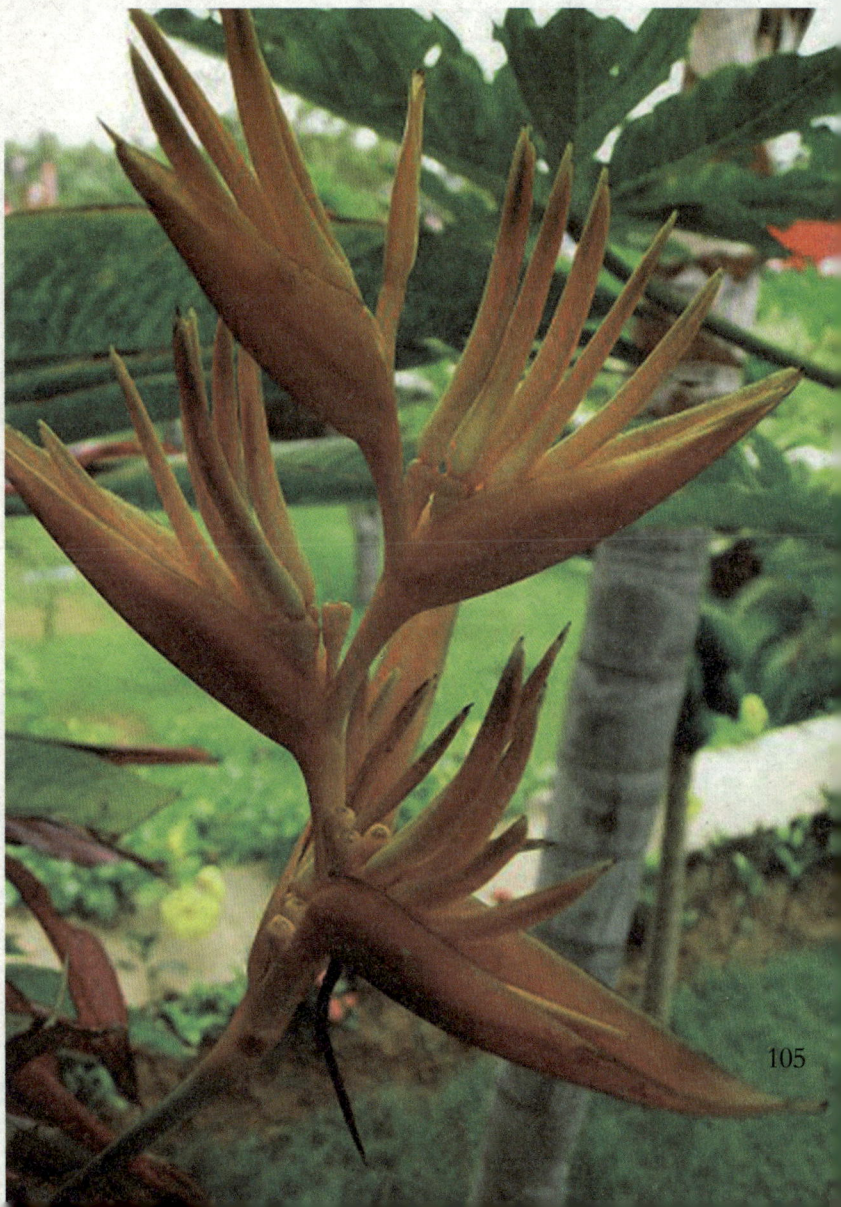

105

维多利亚蝴蝶园（加拿大）　＞

　　维多利亚蝴蝶园坐落于加拿大不列颠哥伦比亚省的维多利亚，占地12000平方英尺，因多姿多彩的蝴蝶而闻名加拿大。园内生活有75种色彩斑斓的蝴蝶，此外，还有飞蛾、鸟类、鱼类、青蛙、乌龟、壁虎、变色龙等，动物的总数目达6000多只。

　　维多利亚蝴蝶园内有75种，超过4000只蝴蝶和飞蛾，它们在此安逸、和谐地生活着并且产卵繁殖后代，园内的植物也是根据蝴蝶的需求而种植，包括寄主植物和食用植物，寄主植物用于蝴蝶产卵，食用植物则是让蝴蝶从中吸收营养成分。蓝色大闪蝶、北美峡蝶是最常见的蝴蝶，此外，还有多种罕见的蝴蝶。除了蝴蝶外，不同种类鸟儿也与蝴蝶一起共享清新的空气和飞翔的空间，甚是还会同溪流中的鱼儿一起游泳，为园中增添了活跃氛围和悦耳歌声。

● 蝴蝶文化趣谈

千姿百态的蝴蝶，展现给人们一个五彩缤纷的世界，使人感到人和自然的和谐与温馨，因而人们赋之于"虫国佳丽"、"会飞的花朵"、"大自然的舞姬"、"美的精灵"、"虫国西施"、"百花仙子"等美名。由于人们对蝴蝶的钟爱，致使蝴蝶的踪迹遍及人们生活的每个角落，点缀和美化着人们的生活。但是目前许多人为因素正导致蝴蝶种类和数量急剧减少，人类和蝴蝶所构成的"和谐社会"正面临着严重的危机。因此，了解蝴蝶与人类文化关系，对于合理利用和开发蝴蝶资源、保护蝴蝶的多样性具有重要的意义。

1. 蝴蝶的名称

　　昆虫学家根据有关规则给蝴蝶命名，蝴蝶爱好者时常赋予蝴蝶各种有趣的雅号，在民间不少蝴蝶都有俗名。如海伦娜闪蝶，又称光明女神蝶，因为海伦娜在希腊神话中是丰产和光明之神。该蝶翅面底色为宝石蓝色，有强烈的金属光泽，从不同的角度看去，可以从紫蓝向天蓝、深蓝、亮蓝逐渐过渡，变幻莫测，靓丽无比，双翅上的洁白色闪带贯穿前后翅，像镶嵌上去的珠宝，美妙绝伦，因此它还被誉为"世界上最美丽的蝴蝶"。我国的一级保护动物金斑喙凤蝶翅面色彩灿烂，后翅在阳光下闪耀出金色的光芒，飞行敏捷，栖境神秘莫测，令全世界的蝴蝶研究者着迷，被称为"梦幻中的蝴蝶"。裳凤蝶是中国最大的蝴蝶，有人称它为帝王蝶；美凤蝶和玉带凤蝶在台湾和浙江都称为梁山伯与祝英台蝴蝶；红锯蛱蝶，在前后翅反面外缘共有20个人头般的斑纹，酷似美国影星玛丽莲·梦露在引吭高歌，因此有人称它为"梦露蝶"。这些蝶名很能反映它们的特点和形象，因此在科普读物中使用较多，但随意性很大。

2. 蝴蝶与诗词 >

在中国浩如烟海的诗词宝库中，吟咏蝴蝶的诗词不胜枚举。现存较早的咏蝶诗为汉乐府歌辞《蝴蝶行》，此后蝴蝶成为历代咏物诗的重要题材。李商隐堪称是咏蝶大家，以蝶为诗的有29首，内容涉及情爱、世情和人生际遇。在其名篇《锦瑟》中曾写道："庄生晓梦迷蝴蝶，望帝春心托杜鹃，沧海月明珠有泪，蓝田日暖玉生烟"。凄婉冷艳、悲怆欲绝的情感跃然纸上；另如《青陵台》："青陵台畔日光斜，万古贞魂倚暮霞，莫讶韩凭为蛱蝶，等闲飞上别枝花。"万古贞魂融入绮丽晚晖，灿烂而壮烈。李白在《长干行》中，则用"八月蝴蝶黄，双飞西园草"描述蝴蝶的成双成对、翩翩飞舞，反衬夫妻的离愁别恨，意境悠远。在《庄周梦蝴蝶》中写道："庄周梦胡蝶，胡蝶为庄周"，直接通过引用庄周梦蝶的故事，表达世态变化无常，不必营营于富贵之意。北宋谢逸曾作蝶诗300首，时人呼之为"谢蝴

蝶"，在《溪草堂》中有关蝴蝶的诗句有：倦蝶舞酣花坞（《拟岘台》）；香迷野径蝶南亲（《和饶正叔梅花》）；旧日郭西千树雪，今随蝴蝶作团飞（《梨花已谢戏作二首》）；西风扫尽狂蜂蝶，独伴天边桂子香（《桂花》）；蛱蝶意残花底雾（《玉楼春》）；刺桐花上蝶翩翩（《虞美人》）。可惜其诗大部分已经遗失，现今看到的仅少数几首。此外，诗人对蝴蝶的行为习性的描述亦形象而生动。如杜甫在《曲江二首》中写道："穿花蛱蝶深深见，点水蜻蜓款款飞"。将蝴蝶在花丛中飞舞觅食、交配、产卵和蜻蜓点水产卵，一触即飞之状，描绘得栩栩如生。南宋诗人杨万里则在《宿新市徐公店二首》诗中云："儿童急走追

黄蝶，飞入菜花无处寻。"描述黄粉蝶在油菜花中飞舞的情景，蝶、花一色，蝶、花相映，以至难以辨认。杨万里在《道旁小憩观物化》中则写道："蝴蝶新飞未解飞，须拳粉湿睡花枝，后来借得风光力，不记如痴似醉时。"借蝴蝶羽化暗贬人们喜新厌旧的情感。宋词牌名《蝶恋花》亦可说明人们早已知道蝴蝶具有访花采蜜的生物学习性。

3. 蝴蝶与故事 〉

关于蝴蝶的故事，可谓委婉动人，历来为人们所传诵。春秋时期庄子就流下了"昔者庄周梦为蝴蝶，栩栩然蝴蝶也，自喻适志与！不知周也。俄然觉，则蘧蘧

然周也。不知周之梦为蝴蝶与，蝴蝶之梦为周与？"的故事，是庄子齐物思想的名篇。表明了人们如果能打破生死、物我的界限，则无往而不快乐，故事写得轻灵飘渺，常为哲学家和文学家引用。梁山伯与祝英台的故事是妇孺皆知的中国四大民间故事之一，被称为是中国的《罗密欧与朱丽叶》，而化蝶则成为人们实现婚姻自主的理想寄托。韩凭化蝶则描述了战国时宋康王舍人韩凭妻何氏貌美，宋康王欲夺之，韩凭自杀化蝶，一日韩妻与宋康王登台，让先夫的精灵附于体上，跳台自杀，化蝶双飞而去。但此传说可能是误传，在干宝的《搜神记》则夫妇二人化为鸳鸯，坟上长出的两棵梓木为鸳鸯树。不管韩凭夫妇化为蝴蝶还是化为鸳鸯，均表达了人们对幸福婚姻生活的向往。云南蝴蝶泉的故事更脍炙人口，白族青年阿

龙(霞郎)和姑娘阿花(雯姑)为抗暴殉情，双双投水化蝶。郭沫若1961年游览大理蝴蝶泉时听到此故事，曾以《蝴蝶泉》为题，赋长诗一首。此外，《汉书·胡马》曾记载，说是胡马整天在花丛闲逛，蹄子生香，竟招引得蝴蝶们围着马蹄团团飞转，可把胡马急坏了，曰："君若再跟马转，休怪偶翻脸踩死君"。后来李白诗云："蜻蜓点水湖心动，蝴蝶偷香杏眼迷"。杜甫说不好，改云："蜻蜓点水湖心动，蝴蝶偷香马腿急"。蝴蝶觅食花蜜的之状立刻跃然纸上。

4. 蝴蝶与服饰 ›

早在浙江河姆渡遗址第一期的发掘中就出现了大量玉制、石制和土制的"蝶形器"。据专家考证，都是作为装饰品用的。唐代段公路《北户录》(869年)曾载有："岭表有鹤子草，蔓上春生双虫，食叶，老则蜕化为蝶，赤黄色，女子佩之，令人媚悦，号为媚蝶"。服饰上的蝴蝶大多通过刺绣来表现。宋朝词人张也在《醉垂鞭》中曾描写道："双蝶绣罗裙，东池宴，初相见"，描述了宋代女子绣服上双蝶飞舞的图案。谭宣子在《谒金门》中曾描写宋朝女子刺绣时极其熟练地描出双蝶花样的景象，说道："人病酒。生怕日高催绣。昨夜新翻花样瘦。旋描双蝶凑。闲凭绣床呵手。却说春愁还又。门外东风吹绽柳。海棠花厮勾。"宋代亦有将蝶样金钗佩戴在头上作为装饰的描写，如宋代词人应瀍孙在《霓裳中序第一》曾描写道："久无言，和衣成梦，睡损缕金蝶"……可见当时对蝴蝶的青睐。如今蝴蝶身姿除被印在衣服上外，还出现在女

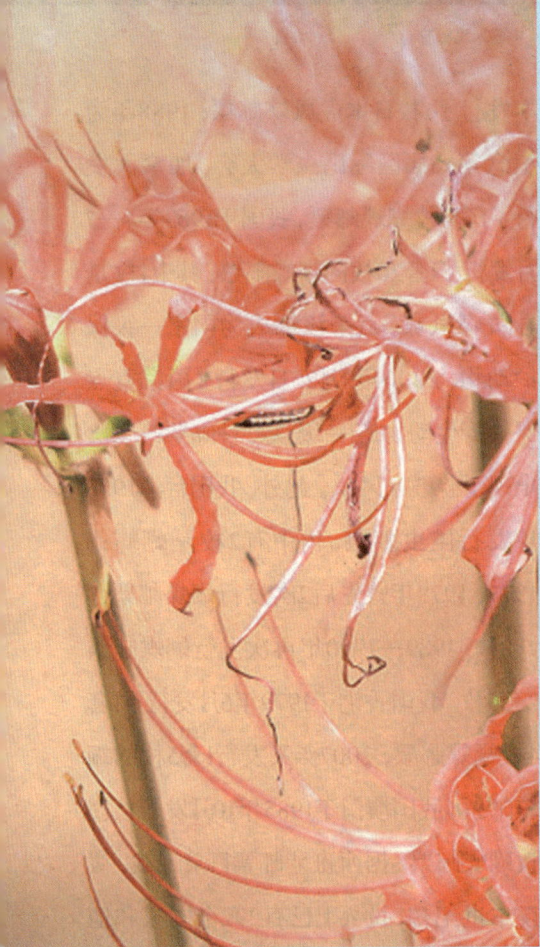

士的项链、耳坠、戒指、挎包拿物品上。此外，人们还做成放大的蝴蝶的翅膀，系在腰间进行嬉戏。在国外举行狂欢节，有人常常爱穿翅膀宽大、色彩艳丽的蝴蝶装参加巡游，很能增添欢乐气氛。

5. 蝴蝶与邮票 ＞

蝴蝶邮票首次露面在1891年，当时夏威夷发行了1枚有女王头像的邮票，头上蝴蝶发饰非常醒目。马来西亚砂拉越在1950年发行了翠叶红颈凤蝶单色雕版邮票，则为蝴蝶登场揭开了序幕。近几十年，以蝴蝶为题材的纪念邮票甚为丰富。1980年为纪念第16届国际昆虫学大会，日

中国人民邮政

本发行了1枚日本虎凤蝶邮票；1988年为纪念第18届国际昆虫学大会，加拿大发行了1套4枚蝴蝶邮票。我国于1963年4—7月发行了1套20枚的蝴蝶邮票，其中1枚是金斑喙凤蝶。后来该蝶成为国家一级保护动物，2000年2月25日发行《国家重点保护野生动物蝶(一级)》特种邮票第二次出现了金斑喙凤蝶。此外，我国台湾1958年发行昆虫邮票，内中有2枚是蝴蝶；1977、1978年曾先后2次发行蝴蝶邮票，共8枚；1989—1990年再次发行蝴蝶邮票2套8枚。我国香港于1979年6月发行了1套4枚蝴蝶邮票，2007年又发行1套5枚的蝴蝶邮票。我国澳门于1985年10月发行1套6枚蝴蝶邮票。据西班牙邮票目录记载，截至本世纪初，世界上已有292个国家和地

10分

中国人民邮政

区先后发行蝶类邮票达2698枚。我国寿建新和周尧曾先后出版《世界蝴蝶邮票》(1990年)、《中外蝴蝶邮票》(2000年)、《世界名蝶邮票鉴赏图谱》(2005年)3本专著,在《世界名蝶邮票鉴赏图谱》一书收入世界各国蝴蝶邮票(包括准蝶票、异形票、不干胶票等)1868枚,邮票中有蝴蝶926种,逐一鉴定蝴蝶的学名,分类地位,记述了其特征和分布。此外,书中还收入国内外精美蝴蝶邮戳(包括早期蝴蝶邮戳)103枚。邮票中的蝴蝶,有的是展现蝴蝶的观赏价值,如亚历山大鸟翼凤蝶、金绿鸟翼凤蝶(印度尼西亚国蝶)、翠叶红颈凤蝶(马来西亚国蝶)、金带喙凤蝶(印度国蝶)、大紫蛱蝶(日本国蝶)、黑脉金斑蝶(美国国蝶)、金斑喙凤蝶(我国一级保护动物)等。有的是展现蝴蝶奇异的形态特征,如1976年巴拉圭发行的1套8枚的蝴蝶邮票中,有1枚是一种雌雄嵌合的闪蝶,俗称"阴阳蝶"。有的则展现蝴蝶的拟态习性。如中美伯利兹1988年发行了1套蝴蝶与鸟的邮票,把蝴蝶与它们所模拟的鸟类放在同一画面中,生动地反映出它们之间的关系。有的则展现蝴蝶的迁移习性,如墨西哥于1988发行的1套关于君主斑蝶的邮票中,有1枚表现的

亚历山大鸟翼凤蝶

115

就是越冬地成群飞舞的蝴蝶。出现在邮票中的蝴蝶，除了成虫外，其他虫态亦有所见，如所罗门1987年发行的1套维多利亚鸟翼凤蝶邮票，共4枚，分别为雄性成虫、幼虫、蛹和产卵的雌性成虫。

6. 蝴蝶与绘画 ＞

蝴蝶被称为是"有生命的灿烂图画"，长期以来是绘画的重要题材之一，民间常常用"猫蝶图"来祝寿，用猫蝶谐音"耄耋"。用"瓜蝶图"来祝贺婚喜，寓意瓜瓞绵绵、多子多孙。自五代黄荃作画《花茵蝶阵图》后，历代画师关于蝴蝶的杰作有北宋赵昌的《蛱蝶图》，南宋李安的《晴春戏蝶图》，清代项圣谟的《蒲蝶图》等。中国近代和现代蝶画名家万钟，画号"蝶痴"，擅长工笔蝴蝶、花卉，曾出版《百蝶画》画册，于佑任和张大千曾给予高度评价。在世界上著名的绘画大师才梵高和毕加索的作品中，分别有黄粉蝶和白粉蝶的形象。在日本的浮世画和现代画中，蝴蝶的身影更是屡见不鲜。

7. 蝴蝶与婚配 >

人们一般认为蝴蝶一生只有一个伴侣，常将其视为吉祥美好的象征，恋花的蝴蝶常被用于寓意甜蜜的爱情和美满的婚姻，表现了人类对至善至美生活的追求。如美洲印第安有一个关于蝴蝶的古老而美丽传说："结婚的新人许愿给蝴蝶，再将蝴蝶一一放飞，蝴蝶就一定会告诉天上的精灵和天使，让美好的愿望成为现实，爱情则天长地久，千里共芳。"国外自2001年出现了婚礼庆典放飞蝴蝶后，蝴蝶婚礼就风靡北美、澳大利亚、欧洲。我国在2005年4月2日，在北京嘉里中心举行了第一场商业婚礼蝴蝶放飞，在婚礼现场上放飞美丽的蝴蝶，在全国引起了很大的轰动，多家媒体做了相关报道。此后，蝴蝶婚礼便风靡全国的一些大中城市。当前不仅仅在婚礼上放飞蝴蝶，生日聚会、结婚纪念和开业庆典等，也有"放飞蝴蝶，放飞心愿，实现愿望"之举，借此来活跃现场气氛。

8. 蝴蝶与音乐

　　音乐家以蝴蝶为题材，创作出许多优美动听的名曲。如著名电影《五朵金花》的插曲"大理三月好风光，蝴蝶泉边蝴蝶会……"，描绘出了蝴蝶泉边蝴蝶翩翩起舞的美景，表达了对幸福生活的赞美之情。电影《梁祝》的主题曲"无言到面前，与君分杯水，情中有浓意，流出心底醉，不论冤或缘，莫说蝴蝶梦，还你此生此世，今生前世，双双飞过万世千生去"，则以化蝶双飞表达了对爱情的坚贞不一。此外，有的歌曲则直接以蝴蝶命名，如《两只蝴蝶》(庞龙)、《风中的蝴蝶》(杨采妮)、《蝴蝶》(刘若英)、《美丽的花蝴蝶》(张洪量)、《花蝴蝶》(游鸿明)、《蝴蝶姬》(周杰伦，陶晶莹)、《新鸳鸯蝴蝶梦》(黄安)、《天蝎蝴蝶》(阿杜)、《断翅蝴蝶飞》(范逸臣)、《化蝶飞》(花儿乐队)等，歌词缠缠绵绵，借蝴蝶倾诉人间离合恩怨和感情纠葛，很受中青年人的欢迎。

9. 蝴蝶与节日

　　一些地方盛行与蝴蝶有关的节日，如江苏宜兴一带流行的双蝶节，每年农历三月初一，当地群众会自发集合在善卷洞英台读书处和祝陵等景点来观赏蝴蝶，同时凭吊祝英台，思念梁山伯。云南大理蝴蝶泉的蝴蝶会，每年农历四月十五

119

日举行，当地的白族青年身穿节日盛装，聚集泉边，在观赏蝴蝶之时，欢歌笑语，谈情说爱。

从以上可以看出，蝴蝶对人类的文化生活产生着深远的影响。但是，由于生态环境的破坏、农药的大量使用和人为大量捕杀，致使蝴蝶种类和数量正在逐步减少，许多稀有种类正濒临灭绝的境地，保护蝴蝶的多样性已势在必行。为此，许多国家建立了保护蝴蝶的组织，如作为"蝴蝶王国"的台湾已建立蝴蝶保育协会，但我国大陆尚无保护蝴蝶的组织。故加深人们对蝴蝶的认识，让更多的人爱护蝴蝶，增强人们保护蝴蝶多样性的意识，对于建立人和蝴蝶的"和谐社会"具有重要的意义。

● 科学趣谈"蝴蝶效应"

什么是蝴蝶效应 ＞

在南美洲亚马逊河流域热带雨林中,一只蝴蝶漫不经心地扇动了几下翅膀,可能在两周后引起美国得克萨斯一场灾难性的风暴。其原因在于:蝴蝶翅膀的运动,导致其身边的空气系统发生变化,并引起微弱气流的产生,而微弱气流的产生又会引起它四周空气或其他系统产生相应的变化,由此引起连锁反应,最终导致其他系统的极大变化。科学家把这种现象戏称作"蝴蝶效应",意思即一件表面上看来毫无关系、非常微小的事情,可能带来巨大的改变。

蝴蝶效应的由来 〉

　　"蝴蝶效应"的概念是美国气象学家洛伦兹1963年提出来的。

　　它的由来是这样的：美国麻省理工学院气象学家洛伦兹用计算机求解仿真地球大气的13个方程式。为了更细致地考察结果，在一次科学计算时，洛伦兹对初始输入数据的小数点后第四位进行了四舍五入。当他喝了杯咖啡以后，回来再看时大吃一惊：本来很小的差异，前后计算结果却偏离了十万八千里！前后结果的两条曲线相似性完全消失了。后来，洛伦兹在一次演讲中提出了这一问题。他认为，在大气运动过程中，即使各种误差和不确定性很小，也有可能在过程中将结果积累起来，经过逐级放大，形成巨大的大气运动。

　　于是，洛伦兹认定自己发现了新的现象：事物发展的结果，对初始条件具有极为敏感的依赖性。从此以后，所谓"蝴蝶效应"之说不胫而走。

蝴蝶效应魅力无穷 >

"蝴蝶效应"之所以令人着迷、令人激动、发人深省，不但在于其大胆的想象力和迷人的美学色彩，更在于其深刻的科学内涵和内在的哲学魅力。

"差之毫厘，失之千里"是混沌系统的重要特性之一。蝴蝶效应是混沌理论的一个例子。混沌理论认为，在混沌系统中，初始条件的十分微小的变化经过不断放大，对其未来状态会造成极其巨大的差别。我们可以用西方流传的一首民谣对此作形象说明。这首民谣说：

丢失一个钉子，坏了一只蹄铁；

坏了一只蹄铁，折了一匹战马；

折了一匹战马，伤了一位骑士；

蝴蝶效应影响人生 〉

人们总是觉得在自己的人生中，最终影响人生的并不是某一个具体事件。实际情况是，在这无数事件中，你所有决定的总体趋势是怎样。也就是说，你的这些决定是积极向上的多还是颓废的多？某一个决定并不重要，重要的是你大大小小所有决定是朝着哪个方向。这也就是所谓的"机遇垂青有准备的人"的意思，因为有准备的人，他们的大部分人生决定，都是朝着积极向上的方向。

"蝴蝶效应"在社会学界用来说明：一个坏的微小的机制，如果不加以及时引导、调节，会给社会带来非常大的危

伤了一位骑士，输了一场战斗；

输了一场战斗，亡了一个帝国。

马蹄铁上一个钉子是否会丢失，本是初始条件十分微小的变化，但其"长期"效应是一个帝国存与亡的根本差别。这就是在军事和政治领域中的所谓"蝴蝶效应"。

害，戏称为"龙卷风"或"风暴"；一个好的微小的机制，只要正确指引，经过一段时间的努力将会产生轰动效应，或称为"革命"。

蝴蝶效应的初始就是混沌的，在不准确或者说是精确中产生的，所以什么样的可能都会发生。而作为之后所产生的结果，因为偶然还产生必然，必然之中存在着偶然，事情就是这样进行的。

混沌是非线性的。线性，指量与量之间按比例、成直线的关系，在空间和时间上代表规则和光滑的运动；而非线性是指不按比例、不成直线的关系，代表不规则的运动和突变。如问：两只眼睛的视敏度是一只眼睛的几倍？很容易想到的是两倍，可实际是6—10倍！这就是非线性：1+1不等于2。

激光的生成就是非线性的。当外加电压较小时，激光器犹如普通电灯，光向四面八方散射；而当外加电压达到一定值时，会突然出现一种全新现象：受激源好像听到"向右看齐"的命令，发射出一致的单色光，这就是激光。

如：天体运动存在混沌；电、光与声波的振荡，会突现混沌；地磁场在400万年间，方向突变16次，也是由于混沌。甚

至人类自己，原来都是非线性的：与传统的想法相反，健康人的脑电图和心脏跳动并不是规则的，而是混沌的，混沌正是生命力的表现，混沌系统对外界的刺激反应比非混沌系统快。由此可见，非线性就在我们身边，躲也躲不了。

蝴蝶效应的复杂连锁效应，每天都可能在我们身上发生。我们不可能回到以前去改变我们的过去来改变我们的未来，我们需要的是正确地把握我们的现在。也许，以后的结果就会趋向于好的方面。而走错一步你可能短时间无法发现，但是几十年后可能断送的就不是你的未来，而是更多。

知道了"蝴蝶效应"，我们是否明白了：人，应该活得积极一点，从每一件小事情做起。

蝴蝶是上帝馈赠给我们的礼物，是大自然的精灵和使者，它们所到之处，都充满了鸟语花香。蝴蝶来了，给世界带来了繁华似锦的春光，带来了瓜果累累的秋色。它们展开了美丽的翅膀……天使般自由地飞翔。不论是谁，只要他们有一颗善良的心，就会欣赏蝴蝶艳丽的姿态而深深地爱上它们。

图书在版编目（CIP）数据

蝴蝶王国 / 马亚楠编著. -- 北京：现代出版社，
2016.7
ISBN 978-7-5143-5208-5

Ⅰ.①蝴⋯ Ⅱ.①马⋯ Ⅲ.①蝶－普及读物 Ⅳ.
①Q964-49

中国版本图书馆CIP数据核字（2016）第160863号

蝴蝶王国

作　　者：马亚楠
责任编辑：王敬一
出版发行：现代出版社
通讯地址：北京市定安门外安华里504号
邮政编码：100011
电　　话：010-64267325　64245264（传真）
网　　址：www.1980xd.com
电子邮箱：xiandai@cnpitc.com.cn
印　　刷：汇昌印刷（天津）有限公司
开　　本：700mm×1000mm　1/16
印　　张：8
印　　次：2016年7月第1版　2022年3月第3次印刷
书　　号：ISBN 978-7-5143-5208-5
定　　价：29.80元